Expande tu mente

ANTÓN GÓMEZ-ESCOLAR

Expande tu mente

La revolución de los psicodélicos en salud mental

Grijalbo

Papel certificado por el Forest Stewardship Council®

Primera edición: marzo de 2025

Printed in Spain – Impreso en España

ISBN: 978-84-253-6690-1
Depósito legal: B-727-2025

Compuesto en M. I. Maquetación, S. L.

Impreso en Black Print CPI Ibérica, S. L.
Sant Andreu de la Barca (Barcelona)

GR 6 6 9 0 1

A quienes, desafiando el miedo,
la irracionalidad y el estigma, volvieron
a poner la ciencia por delante para reabrir
caminos olvidados en la salud mental

A mi familia, mis amigos y a la vida,
que me dan la fuerza para seguir en esta
aventura de continuo aprendizaje,
descubrimiento y divulgación

A ti, lector, que hoy te adentras en estas
páginas con la mente abierta, dispuesto
a comprender y transformar la manera
en que vemos (y sentimos) las drogas,
el mundo y a nosotros mismos

Índice

SEGUNDA PARTE

La revolución de las drogas psicodélicas

TERCERA PARTE

Práctica psicodélica

ADVERTENCIA

El propósito de *Expande tu mente* es informar y educar acerca de las drogas legales e ilegales, sus efectos, sus riesgos y la investigación científica sobre el uso terapéutico de ciertas sustancias psicodélicas en el momento de su escritura. El libro está dirigido a mayores de edad y se ampara en el principio de libertad de expresión e información, pero bajo ningún concepto es una guía o un manual ni sustituye el asesoramiento personalizado médico, legal o psicológico.

No debe interpretarse como invitación, recomendación, apología, incitación o estímulo para consumir sustancias psicoactivas, ya sea con fines recreativos, terapéuticos, espirituales o de cualquier otra índole. Tampoco debe entenderse como una aprobación o normalización del uso de dichas sustancias.

El autor y la editorial han aunado esfuerzos para garantizar que la información expuesta sea lo más rigurosa y actualizada posible, pero la ciencia, la medicina y las leyes son campos extensos que evolucionan constantemente y en los que conviven diferentes interpretaciones. Ni el autor ni la editorial asumen responsabilidad alguna por problemas de salud, daños físicos o psicológicos, consecuencias legales, económicas o cualquier otra situación derivada de la interpretación o aplicación del contenido de este libro, pues su objetivo es solo informar al lector.

Introducción

Para contarte por qué ha llegado este libro a tus manos y qué aprenderás con él, lo mejor es que me presente y te cuente brevemente cómo las sustancias psicoactivas entraron en mi vida.

Nunca he sido proclive al uso de drogas, ni legales ni ilegales. De hecho, de adolescente las consideraba algo únicamente malo, peligroso e innecesario, al igual que gran parte de la sociedad. Y es comprensible. La generación de mis padres y profesores vivió el nacimiento de la «guerra contra las drogas» y los estragos que produjo el abuso de heroína y otras sustancias que tanto nos han marcado socialmente. No obstante, estas sustancias me resultaban interesantes a nivel intelectual: veía con curiosidad cómo unas simples moléculas eran capaces de cambiar mucho a las personas, unas veces de forma divertida, pero otras de una manera muy negativa. Parecían una suerte de emociones cristalizadas que tomaban el control de quien las consumía, pero entre los adultos había consenso en que eran peligrosas, aunque luego muchos las tomasen. Me intrigaba por qué las personas se arriesgaban a hacer algo que, a juzgar por lo que decían en la tele y el colegio, solo traía problemas. ¿Por qué alguien en su sano juicio querría tomar algo que no ofrecía ninguna ventaja aparente y que no solo era peligroso, sino también potencialmente mortal? ¿Por qué estaban tan extendidas?

En mi adolescencia tardía, leí algunos libros sobre el tema escritos por el gran Antonio Escohotado y, después de años viendo que mis compañeros se emborrachaban y fumaban porros cada finde mientras yo bebía Fanta y demás sucedáneos, me dejé convencer para probar el alcohol —tras perder una apuesta absurda—, preguntándome si me ayudaría a superar mi timidez. En esos primeros vasos de Licor 43 con lima comprobé que esa sustancia psicoactiva podía tener una gran utilidad social y recreativa —supuse que de ahí vendría su legalidad—, aunque en exceso podía jugar malas pasadas.

La cafeína también tuvo un breve cameo en mi vida mientras preparaba la selectividad y los exámenes universitarios, en forma de café y bebidas energizantes llenas de azúcar. Cumplía bien su función de mantenerme despierto en mis maratonianas jornadas de estudio los días previos a los exámenes, aunque me dio alguna que otra noche de insomnio accidental. Pero ni siquiera me acerqué a otras drogas, menos si cabe a las ilegales. A pesar de que durante los años de carrera las tuve a mi alrededor, nunca me pareció que sus efectos compensasen el riesgo de consumirlas; no quería acabar como en los anuncios antidroga. No les encontraba beneficios tangibles más allá de lo que entonces imaginaba que sería puro hedonismo vacío y, en cambio, veía algunos de los problemas que suponían. Mi pensamiento seguía en consonancia con la norma social y legal de las drogas.

Mi forma de entender las drogas empezó a abrirse cuando, al acabar la universidad, durante una época me sentí vacío, apático, triste. Padecía depresión y, ante lo preocupados que estaban mi familia y amigos, acepté la ayuda de un buen profesional de la medicina —un psiquiatra— que me ofreció, no sin reticencias por mi parte, acompañar la psicoterapia con drogas de uso médico: antidepresivos y ansiolíticos. Aunque no fueron muy eficaces conmigo, sí me permitieron mostrarme lo bastante funcional como para intentar mejorar mi situación marchándome a Australia a estudiar y trabajar, en busca de un cambio de ánimo que, por desgracia, no llegó.

De regreso a España, viendo que mi situación no había mejorado, decidí aceptar el consejo de un buen amigo que me sugirió seguir ampliando mis horizontes farmacológicos y probar —fuera de la farmacopea común, pero de la mano de un profesional titulado— un enfoque que aún estaba en fase experimental, conocido como «psicoterapia asistida con psicodélicos» (PAP). Consistía en una psicoterapia que, en vez incluir el uso diario de antidepresivos y ansiolíticos, utilizaba, de forma muy puntual y en sesión vigilada, drogas alucinógenas como la psilocibina, el LSD (dietilamida del ácido lisérgico) o la MDMA para catalizar el proceso terapéutico.

Pese a la mala fama social de estas sustancias y a los casos de personas que habían tenido problemas al emplear estas drogas fuera de contextos terapéuticos supervisados, decidí encomendarme a la ciencia y probar. Me bastaron un par de sesiones de esta terapia tan intensa pero reveladora para sentir que me había reencontrado conmigo y con mi entorno, y que ya no necesitaba ningún tratamiento para seguir adelante con mi vida. Y así, dejando de lado mis prejuicios y expandiendo mi mente una vez más, entendí que, más allá de los riesgos de estas sustancias, también había un enorme potencial que explicaba por qué se han consumido durante milenios, aunque sus resultados no siempre fuesen tan positivos como en mi caso.

Comprendí lo que muchos ya sabían: había un enorme potencial en el uso controlado de las drogas, y eso contrastaba con mis ideas preconcebidas y con las de la mayoría de la sociedad. Lo que siempre me habían dicho sobre ellas no era del todo cierto; faltaba la parte positiva, así que Escohotado tenía razón. Me impactó tanto la eficacia que tuvo en mí una terapia tan desconocida y basada en sustancias que siempre había asumido que eran peligrosas y malas que me propuse, por un lado, ayudar en todo lo posible a la investigación y el desarrollo científico seguro de este nuevo enfoque terapéutico, dar a conocer los avances científicos en la materia y colaborar para que algún día estos tratamientos pudiesen estar disponibles de forma controlada y legal para las personas que los necesitan más que yo, gente que lleva años luchando sin éxito contra la depresión, la ansiedad, los traumas, las adicciones y otras enfermedades de la psique. Por otro lado, decidí que, mediante la educación y el conocimiento científico, libre de juicio, intentaría que la sociedad comprendiese mejor qué son realmente las drogas, tanto las ilegales como las de uso médico y las legales, con sus efectos y sus riesgos, una materia que había sido tan desconocida para mí. Además, quería poner mi empeño en que las personas tuviesen menos problemas y daños derivados de un uso imprudente y desinformado de estas sustancias, lo que desgraciadamente era y sigue siendo una realidad.

Llevado por una gran pasión, dediqué la siguiente década a trabajar en esas tres líneas: me formé en psicofarmacología, drogas y salud, dediqué toda mi energía a estudiar este ámbito y colaboré en la prevención y reducción de riesgos con ONG como Energy Control (España), Kosmicare (Portugal), Safe n'Sound (Bélgica) y Zendo Project (EE.UU.), centradas en informar, prevenir y proteger la salud de las personas adultas que deciden, bajo su cuenta y riesgo, consumir drogas legales e ilegales de forma recreativa. Incluso tuve la oportunidad de trabajar en la Agencia Europea de Drogas (Lisboa) y recorrer medio mundo asistiendo e impartiendo conferencias científicas sobre la investigación psicodélica. Lo que yo había vivido no era algo excepcional, los vientos eran cada vez más favorables a este campo terapéutico y la ciencia seguía sacando a la luz el potencial médico de esta familia de sustancias psicoactivas aplicadas a trastornos tan extendidos como la depresión, la ansiedad, el estrés postraumático (TEPT), las adicciones y muchos más.

Cuando parecía que mi relación terapéutica con las sustancias psicoactivas en general y las psicodélicas en particular ya no tenía nada más que aportarme más allá de mi dedicación profesional a ese ámbito, llegó la pandemia de COVID-19. Durante ese tiempo no solo se incrementaron los trastornos en la salud mental por todo el mundo, sino que muchos empezamos a notar que, tras infectarnos con el virus, nuestra memoria, concentración, léxico y claridad mental empeoraban de forma abrupta e incomprensible pero duradera. Ese nuevo problema neurológico, incluido dentro de lo que se ha venido a llamar COVID persistente o longCOVID, se unía a una retahíla de enfermedades neurológicas y neurodegenerativas para las que, pese a su crecimiento en las últimas décadas, en la mayoría de los casos aún no hay tratamientos eficaces. Los psicodélicos volvieron a postularse como una de las bazas más prometedoras por su recientemente descubierta capacidad para reducir la neuroinflamación y estimular la neuroplasticidad, y por eso ahora también se investigan para numerosas enfermedades neuronales y neurodegenerativas con resultados prometedores.

Estos acontecimientos me reafirmaron en mi voluntad de seguir acercando a la sociedad un conocimiento científico, equilibrado y libre de juicios respecto a las sustancias psicoactivas, y me dieron el empujón que necesitaba para empezar a escribir artículos y libros, impartir charlas, ofrecer entrevistas, grabar pódcast e incluso abrir un canal en redes sociales, @drogopedia, mi principal altavoz para hablar sobre estos temas. Sin embargo, quería hacer algo divulgativo, que fuese completo pero más simple y accesible que mis anteriores publicaciones, menos técnico, y es lo que tienes en las manos en este instante: un libro que, de forma sencilla, entretenida, cercana, rigurosa y segura, acercase a la gente lo que la ciencia y la experiencia nos dicen sobre las sustancias psicoactivas, en concreto, las drogas psicodélicas, sus efectos, riesgos, investigaciones y usos potenciales. Un libro que, tal como yo lo viví en primera persona, ayudase a los demás a expandir su mente, su entendimiento y conocimiento sobre un tema sobre el cual la ignorancia es tan común como comprensible y peligrosa. Porque, cuando hablamos de drogas, la información no solo es poder, sino que también es salud.

Por eso en estas páginas insistiré en algunos asuntos clave, como los riesgos que tienen siempre las sustancias psicoactivas y la importancia del conocimiento, el estado mental y el contexto para mitigarlos en la medida de lo posible, pero sin dejar de lado sus utilidades y su inmenso potencial.

PRIMERA PARTE

Introducción a las sustancias psicoactivas

1

¿Qué son las drogas?

Más del 80 por ciento de las personas adultas tenemos algo en común que rompe las barreras de género, raza, cultura, religión, orientación política, dieta...: de forma regular, todas utilizamos sustancias psicoactivas, es decir, drogas; desde el café matutino para despertarnos, pasando por el vino de la comida o la cerveza que nos relaja por la tarde, los cigarrillos —y los váperes— que tan de moda han estado y siguen estando en muchas sociedades, los psicofármacos que toman quienes sufren un trastorno psicológico (mucha gente en la actualidad)... Somos, lo sepamos o no, consumidores de drogas que usamos para modular nuestro nivel de energía, emociones, comportamiento o relaciones.

En estos primeros capítulos, antes de hablar de las drogas psicodélicas y su merecida relevancia médica actual, abordaremos de forma introductoria diferentes temas que es importante saber, como qué son las drogas, qué tipos hay, cuáles son sus efectos, sus riesgos y sus contextos de consumo, por qué algunas están prohibidas, etc., para entender un poco mejor este mundo tan desconocido. Pero empecemos por el principio: nuestro cerebro.

Hasta hace poco, apenas sabíamos por qué estas sustancias podían producir cambios en la mente, en las emociones, en la forma de sentir el mundo y a nosotros mismos. Pero, por suerte, el entendimiento del cerebro y de todas las sustancias que interactúan con él se ha visto muy enriquecido por las aportaciones de la ciencia que se han producido en las últimas décadas. Ahora ya sabemos gran parte de lo que sucede y por qué, y aunque quede mucho por comprender, vamos a empezar por entender lo que ya sabemos para ir sentando las bases de lo que estamos en camino de descubrir.

Neurociencia básica

Antes de hablar de las drogas en general y de las que tienen propiedades psicodélicas en particular, es importante entender algunos conceptos básicos de neurociencia,* lo que nos ayudará a comprender cómo funcionan las drogas en el cerebro y a familiarizarnos con la terminología básica de este libro. Si bien el todopoderoso Google nos ofrece una forma rápida de resolver cualquier duda terminológica, vamos a ver una introducción simple pero completa para seguir la lectura con mayor facilidad.

El cerebro y el sistema nervioso central

En el cuerpo, todo lo que pensamos, sentimos y hacemos proviene de un órgano fascinante y muy complejo que por fin estamos empezando a conocer mejor: el cerebro.

El cerebro es el centro de mando del sistema nervioso, el encargado de controlar casi todas las funciones del cuerpo. Además de regular procesos vitales como la respiración y los latidos del corazón, también es el núcleo de las emociones, los movimientos, la memoria,

* La neurociencia es el campo científico que estudia el sistema nervioso, incluyendo su estructura, función, desarrollo, genética, bioquímica y patología. Su objetivo es entender cómo el cerebro y el sistema nervioso regulan los procesos mentales, el comportamiento y las funciones del cuerpo.

el pensamiento y de todo lo que percibimos a través de los sentidos. A grandes rasgos, se podría decir que somos nuestro cerebro, pues ahí residen la mente y la consciencia.

El cerebro es el órgano principal del sistema nervioso, una extensa red que podemos dividir en dos partes: el sistema nervioso central (SNC), que incluye el cerebro y la médula espinal; y el sistema nervioso periférico (SNP), formado por los nervios que se extienden desde el SNC hacia el resto del cuerpo. A su vez, este último se subdivide en dos sistemas nerviosos periféricos, somático y autónomo, pero no hace falta que nos compliquemos la vida con esto... Lo importante es que pienses en el SNC como la central de mando y en el SNP como las rutas que la conectan con todo el cuerpo.

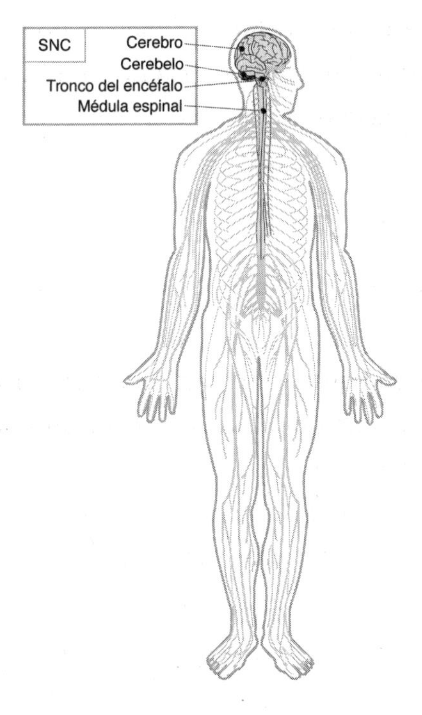

Figura I. Diagrama del sistema nervioso. El sistema nervioso central (cerebro, médula espinal, etc.) está contenido en un pequeño espacio protegido pero conectado con el sistema nervioso periférico, que se extiende por todo el cuerpo. Fuente: Creative commons / Medium69, Jmarchn.

Tanto el SNC como el SNP funcionan gracias a las neuronas, las principales unidades básicas que conforman todo el sistema y se aseguran de que este cumpla con sus funciones principales.

Neuronas, sinapsis y neurotransmisores

Las neuronas son las células encargadas de transmitir la información dentro del sistema nervioso. En el cerebro hay alrededor de 80.000.000.000 de neuronas conectadas formando una intrincada red que contiene alrededor de 10^{14} conexiones (es decir, 10.000.000.000.000). Estas conexiones (sinapsis) son muy importantes, ya que permiten que las neuronas se comuniquen entre ellas de manera rápida y precisa.

Para que esto suceda, las neuronas envían mensajes en forma de señales eléctricas que viajan por sus axones (las prolongaciones, una especie de brazos) hasta llegar a sus extremos, los botones terminales, y pasar a la siguiente neurona, donde se reciben a través de una especie de ramas conocidas como «dendritas». Estas señales que viajan por el axón de la neurona se denominan «potenciales de acción». Sería como el sistema de comunicación de un telégrafo antiguo en el que la electricidad viaja con rapidez por los cables y lleva un mensaje codificado en forma de impulsos eléctricos como una especie de código morse. Tanto los axones como las dendritas son prolongaciones de una neurona, cuyo cuerpo central, donde está el núcleo, se conoce como «soma».

Sin embargo, las distintas neuronas no están físicamente unidas entre sí. En realidad, no se tocan, y estas señales no pueden saltar de una a otra porque hay un espacio entre ellas llamado «sinapsis». Cuando la señal eléctrica llega al final de una neurona (al botón terminal del axón) y quiere pasar a la siguiente, tiene que saltar este espacio. Y ¿cómo lo hace? Pues se convierte en unos mensajeros químicos que reciben el nombre de «neurotransmisores».*

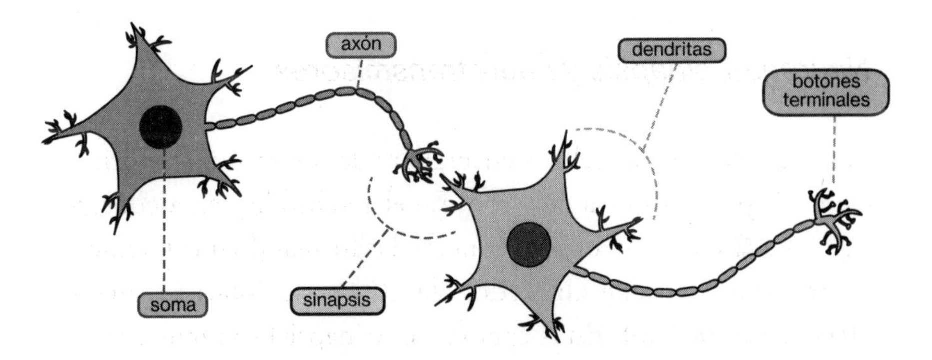

Figura 2. Diagrama de dos neuronas conectadas mediante el axón de la primera (izquierda), que forma una sinapsis con las dendritas de la siguiente neurona (derecha). Fuente: Creative commons / Dana Scarinci Zabaleta.

Estos neurotransmisores son unas moléculas que se liberan en ese hueco (sinapsis) y se encargan de transmitir el mensaje a la siguiente neurona, es decir, que, aunque los mensajes viajen por el interior de la neurona en forma de impulsos eléctricos, luego todas se comunican entre ellas salpicándose con sustancias que actúan como neurotransmisores. Pero el proceso no es tan simple como parece: los neurotransmisores son en realidad moléculas muy variadas que funcionan como diferentes llaves. Cada tipo encaja en su cerradura específica, que en este caso son unas estructuras, llamadas «receptores neuronales» o «neurorreceptores», que están ubicadas en la membrana exterior de la neurona receptora del mensaje. Dependiendo del tipo de «llave» (neurotransmisor) que la neurona

* Un neurotransmisor es una sustancia química que permite la comunicación entre las neuronas a través de la sinapsis, modulando la actividad de las células nerviosas.

emisora libere a la sinapsis, se abrirán o activarán distintas «cerraduras» (neurorreceptores), lo que desencadenará diversas respuestas en la neurona receptora.

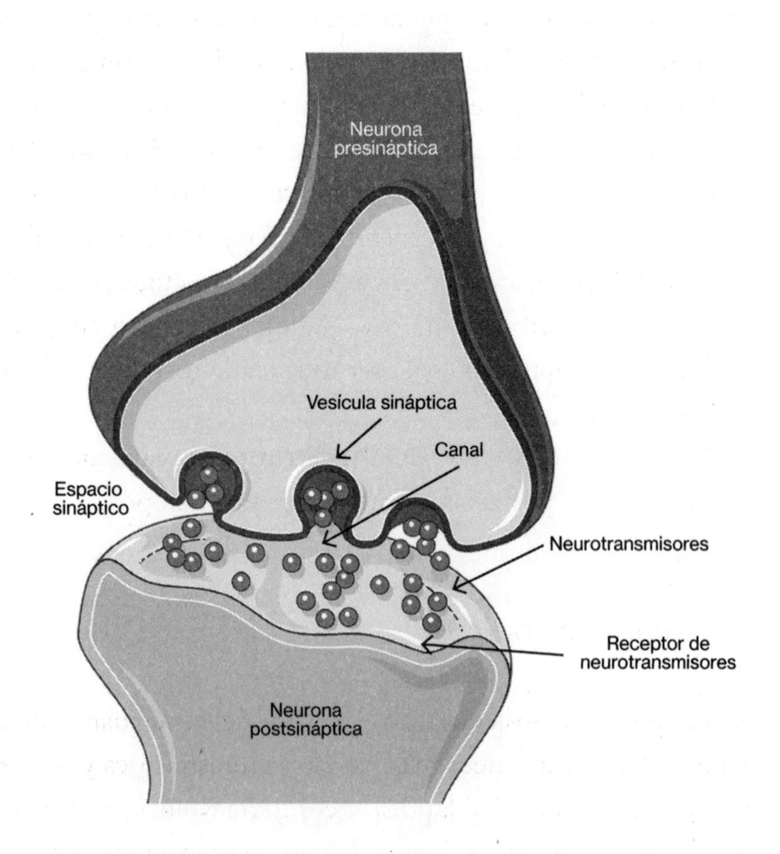

Figura 3. Diagrama ampliado de una sinapsis neuronal, donde una neurona (presináptica) envía mensajeros (neurotransmisores) a los receptores de la siguiente (neurona postsináptica). Fuente: Creative commons / Laboratoires Servier.

Por ejemplo, un neurotransmisor muy conocido es la serotonina, a menudo relacionada con la sensación de felicidad, aunque su papel es más complejo y variable. Este se acopla y activa los receptores de serotonina, pero no los de dopamina o los de acetilcolina. Otro neurotransmisor popular es la dopamina, implicada en el placer, la concentración y la motivación, pero también en las adicciones (hay drogas que la liberan en gran cantidad).

Al igual que una llave maestra puede abrir más de una cerradura, cada neurotransmisor puede activar diferentes subtipos de cerraduras (receptores) siempre y cuando sean de su misma familia, lo que produce distintos efectos en las neuronas, e incluso algunos de estos neurotransmisores pueden generar resultados muy diversos según el lugar del cerebro en el que actúen. No es tan simple como decir que la serotonina aporta felicidad o que un neurotransmisor hace siempre lo mismo; depende de muchos factores, como el tipo de receptor y la red neuronal involucrada o el tiempo que se queda acoplado al receptor antes de ser degradado o reabsorbido por la neurona que lo lanzó.

Por eso consideramos que el cerebro es un órgano muy complejo y difícil de tratar pero fascinante al mismo tiempo.

Neurofarmacología

Ahora que ya hemos entendido las bases del funcionamiento de la comunicación entre neuronas, los neurotransmisores y los neurorreceptores, vamos a hablar de la neurofarmacología, la ciencia que estudia cómo ciertas sustancias afectan al sistema nervioso.

Un fármaco, así, a secas, es una molécula que, debido a su estructura molecular, puede interactuar con ciertos receptores en las células (neuronas o de otro tipo) y provocar un cambio o efecto en ellas, es decir, son llaves que encajan en cerraduras de nuestras células. Estos efectos farmacológicos pueden ser algo tan cotidiano como quitarse el dolor de cabeza al tomarse una aspirina, ir al baño después de ingerir un laxante o sentirse alerta tras beberse una taza de café.

Cuando hablamos de neurofarmacología, nos referimos a cómo algunas sustancias tienen un efecto farmacológico en las neuronas, el cerebro y el sistema nervioso. Muchas de ellas son conocidas como sustancias psicoactivas porque, además de producir esos efectos a nivel neuronal, cerebral o nervioso, provocan cambios en el estado mental, emocional, perceptivo o conductual del individuo, es decir, son drogas. Estas sustancias pueden incluir desde moléculas legales, como el alcohol y la cafeína, hasta otras más controvertidas, como la cocaína o la dietilamida del ácido lisérgico (LSD), pero todas tienen algo en común: interfieren con los neurotransmisores y/o receptores en las neuronas.

Algunas sustancias psicoactivas solo imitan a los neurotransmisores endógenos* naturales y activan los receptores como si fueran una llave que encaja a la perfección (por ejemplo, la nicotina, el LSD y la morfina). Otras, en cambio, bloquean esos receptores como si fuesen llaves rotas que obstruyen la cerradura, impidiendo que nuestros neurotransmisores endógenos hagan su trabajo, como sería el caso de la ketamina y la cafeína. Algunas de estas sustancias incluso aumentan la cantidad de neurotransmisores liberados en el cerebro o evitan que se retiren una vez lanzados a la sinapsis, como las anfetaminas o la cocaína. Todas las drogas hacen una o varias de estas cosas a la vez en diferentes direcciones y zonas cerebrales.

* «Endógeno» es algo que se origina o se produce dentro de un organismo, célula o sistema. Por ejemplo, la serotonina o la dopamina son algunos de los neurotransmisores endógenos. Lo contrario sería algo «exógeno», como una droga que se toma, fuma, esnifa o inyecta.

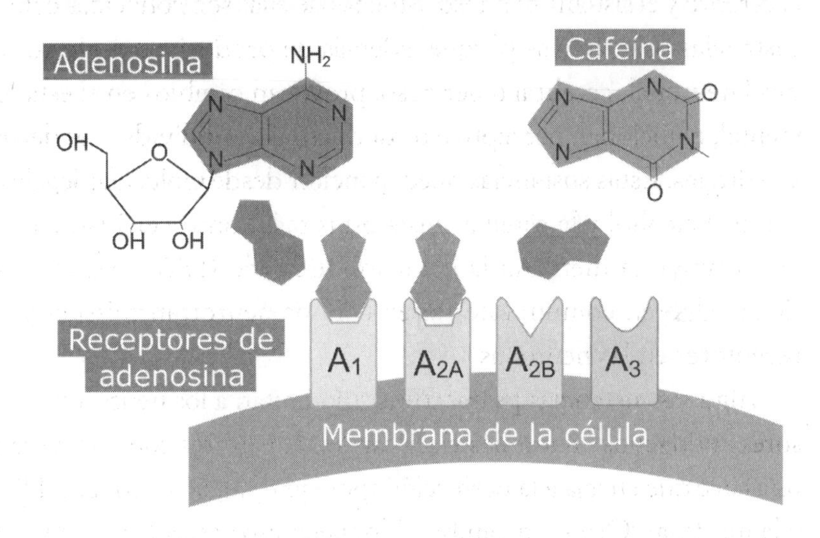

Figura 4. Las moléculas de la adenosina y la cafeína se parecen, por eso compiten por engancharse a los mismos receptores, lo que hace que la cafeína ocupe dichos receptores y no permita a la adenosina unirse, haciendo que sintamos menos fatiga. Fuente: Creative commons / Rechargeenergy.

Un ejemplo muy ilustrativo es la cafeína. Nuestras células (neuronas incluidas) utilizan una «moneda energética» llamada ATP (adenosina trifosfato). Cuando el ATP se va «rompiendo» para generar energía (pasando por etapas como ADP y AMP), acaba liberando adenosina. En el cerebro, esta adenosina se une a unos receptores (los receptores de adenosina) que promueven la sensación de fatiga y somnolencia. Por eso, a medida que avanza el día y gastamos más energía, se va acumulando adenosina en estos receptores y nos sentimos cada vez más cansados. La cafeína tiene una estructura muy similar a la adenosina, de modo que puede acoplarse a los mismos receptores. Sin embargo, en lugar de activarlos, los bloquea y evita que la adenosina se una a ellos. Como resultado, después de tomar un café, disminuye la sensación de fatiga y nos sentimos más despiertos.

Este tipo de interacción entre el receptor, el neurotransmisor y la sustancia psicoactiva es lo que genera los efectos que sentimos cuando consumimos drogas psicoactivas, ya sean legales o ilegales. Dependiendo de cómo afecten a las neuronas y los receptores, pueden producir desde una ligera estimulación (café o tabaco) o un efecto relajante (benzodiacepinas o alcohol) hasta cambios muy profundos en la percepción y la consciencia (drogas psicodélicas).

Ahora bien, cuando hablamos de drogas, ¿a qué nos referimos?

Origen del término «droga»

La etimología de la palabra «droga» se remonta a la neerlandesa *droog*, que significa «seco». Al principio hacía referencia a las plantas secas y otros materiales utilizados en medicina para elaborar remedios. El término se fue adaptando a otros idiomas, como el francés antiguo *drogue*, que pasó a usarse para referirse a las sustancias medicinales en general. Con el tiempo, su significado se amplió para incluir tanto los medicamentos como las sustancias psicoactivas y recreativas.

Hoy en día, la sociedad no tiene muy claro qué es una droga, y aunque no dejemos de oír o leer esta palabra en televisión, periódicos y tertulias, pocas personas conocen y entienden el significado real de este término o qué son (o no son) las drogas.

En inglés, la palabra *drug* es mucho más amplia y genérica que en español. Se refiere a todas las sustancias que, introducidas en el organismo, producen un cambio fisiológico o psicológico, es decir, se considera *drug* cualquier sustancia con efecto farmacológico, sea el que sea. Por tanto, usan esta palabra para referirse a todos los medicamentos o sustancias utilizadas con fines médicos para diagnosticar, tratar o prevenir enfermedades (por eso llaman *drugstore* a la farmacia), pero también a las que se usan con finalidad recreativa para alterar el estado de ánimo, la percepción o el comportamiento. Esto significa que *drug* abarca muchísimas sustancias que solo tienen en común tener un efecto farmacológico (son «llaves» para receptores neuronales o de otro tipo de células) o uso médico, definición demasiado amplia como para que nos sirva en este libro.

Figura 5. Foto de una *drugstore* en Estados Unidos. En el mundo anglosajón, todas las sustancias con efectos farmacológicos se consideran *drugs*, de ahí que las farmacias se llamen *drugstores*. Fuente: Creative commons / Beyond My Ken.

También en español nos cuesta atinar con el significado exacto de la palabra «droga», dado que muchas de las acepciones del diccionario no siempre coinciden con lo que entendemos coloquialmente por «droga».

Si preguntásemos a una persona por la calle, lo más probable es que la definiera como una sustancia, ilegal, adictiva y tóxica que se consume con fines recreativos, aunque la mayoría de estas ideas son inexactas o directamente falsas. Luego veremos por qué. El diccionario de la Real Academia Española afirma que «droga» puede ser muchas cosas, tantas como acepciones tiene la palabra:

- «Sustancia mineral, vegetal o animal, que se emplea en la medicina, en la industria o en las bellas artes». → Es una definición demasiado amplia y vaga.
- «Sustancia o preparado medicamentoso de efecto estimulante, deprimente, narcótico o alucinógeno». → Es la que se acerca más a lo que entendemos por «droga» en nuestra sociedad.
- «Actividad o afición obsesiva». → No todas las drogas son adictivas.
- «Medicamento». → Se parece al significado amplio que tiene en inglés.

La acepción que hace referencia a lo que coloquialmente entendemos como drogas es la de «Sustancia o preparado medicamentoso de efecto estimulante, deprimente, narcótico o alucinógeno», aunque se queda un poco corta al limitar sus efectos a esos cuatro. En realidad, esta definición se refiere a lo que técnicamente deberíamos llamar drogas psicoactivas o sustancias psicoactivas, que abreviamos en «drogas», moléculas que, al entrar en el cuerpo, interactúan con los neurotransmisores o receptores de las neuronas del SNC (en especial el cerebro) y producen cambios en la percepción, el pensamiento, las emociones o la conducta. Y son estos cambios en la mente, a los que llamaremos «efectos», lo más importante que hacen las drogas.

Según esta definición —la más clara y habitual en el campo de la psicofarmacología, y la que seguiremos en el libro—,* no todas

* La psicofarmacología es la ciencia que estudia cómo afectan al cerebro y al comportamiento los medicamentos y las sustancias químicas. Se enfoca en entender cómo interactúan con los neurotransmisores y receptores del sistema nervioso para tratar enfermedades mentales, mejorar el bienestar emocional o alterar el estado de ánimo, el pensamiento y la percepción.

las «sustancias minerales, vegetales o animales, que se emplean en la medicina, en la industria o en las bellas artes», son drogas (psicoactivas), ni siquiera todas las que tengan actividad farmacológica o se usen para curar («medicamentos»), sino que consideraremos drogas las que actúan a nivel cerebral y producen cambios mentales, perceptivos, emocionales o conductuales. No importa su origen, ni su estatus legal, ni su toxicidad, ni su adictividad, o para qué se utilicen, son drogas igualmente.

Por tanto, conforme a esta definición el ibuprofeno no es una droga (no es psicoactiva), como tampoco lo son el omeprazol, la aspirina, el Sintrom, el ácido sulfúrico, la ternera, el huevo, los acrílicos, ni siquiera las sustancias que actúan sobre las neuronas o el cerebro pero no llegan a producir cambios mentales, perceptivos, emocionales o comportamentales. Sí son drogas algunos fármacos como los ansiolíticos y los analgésicos centrales, el alcohol, el tabaco, la cafeína, la cocaína, la heroína, el gamma hidroxibutirato (GHB), las anfetaminas, etc.

Es importante recalcar que en esta definición de la palabra «droga» no se hace referencia a su legalidad, origen, toxicidad, adictividad o potencial uso recreativo. Aunque algunas drogas hayan sido ilegalizadas (como la cocaína), no todas son ilegales ni tienen que serlo (pensemos en la cafeína o el alcohol). Aunque algunas puedan ser adictivas (como la heroína o los ansiolíticos), no todas lo son ni tienen que serlo (como la mayoría de los psicodélicos). Aunque algunas puedan ser tóxicas e incluso letales a dosis no muy altas (como la metanfetamina o el fentanilo), no todas lo son ni tienen que serlo (como el LSD o la psilocibina, cuya dosis letal todavía no se ha alcanzado nunca). Aunque algunas puedan usarse con fines recreativos (como la MDMA o la ketamina), no todas cuentan con ese potencial ni tienen que tenerlo (como el modafinilo).

Tipos de drogas y sus efectos

Hablar de las drogas como un único bloque de sustancias con efectos y riesgos idénticos es una generalización muy frecuente, pero inexacta. Para aclarar este panorama y facilitarnos su conocimiento, se han creado sistemas de clasificación basados en los efectos de cada sustancia, que no solo nos ayudan a conocerlas mejor, sino que también predicen los principales riesgos potenciales y la manera de prevenirlos.

Pensemos en un barco, un coche, un avión y una bicicleta. No todos tienen ruedas ni motor, no se desplazan sobre la misma superficie y se mueven a velocidades distintas, pero en esencia los cuatro son vehículos, es decir, sirven para transportar personas, animales o cosas. Si queremos conocerlos con más detalle, sería una equivocación tratarlos a todos por igual sin tener en cuenta sus características específicas y las distintas medidas de seguridad que cada uno requiere.

Con las drogas sucede algo similar: si las metemos en el mismo saco sin hacer distinciones, apenas podremos decir nada de ellas. Es cierto que todas actúan sobre el sistema nervioso y pueden modificar la percepción, las emociones y la conducta; sin embargo, no lo hacen de la misma manera ni con la misma intensidad, ni en la misma dirección y tampoco implican los mismos riesgos.

Sería impracticable tener que probar o analizar en detalle cada droga para entender sus efectos y poder conocer sus riesgos. Por eso, necesitamos herramientas de clasificación que organicen sus semejanzas y diferencias, y así podamos entender de forma general sus efectos principales y los peligros asociados, lo cual nos permite hablar con rigor de los distintos tipos que existen.

Clasificación según sus efectos principales

Hasta finales del siglo pasado, la clasificación basada en los efectos principales de las drogas era muy sencilla y se limitaba a dividirlas en estimulantes, sedantes y alucinógenas (parecido a la segunda acepción del término «droga» del diccionario que hemos visto antes). Podían representarse gráficamente en un triángulo, cuadrado o estrella, en función de si se añadían categorías combinadas, como la de drogas estimulantes-psicodélicas o depresoras-psicodélicas.

Con el paso del tiempo, se fueron añadiendo y subdividiendo algunas de estas categorías básicas. Por ejemplo, el grupo de sedantes se separó entre sedantes-depresores y sedantes-analgésicos, pero a partir de 2010, con la explosión en el mercado de los *research chemicals*,* aparecieron cientos de nuevas drogas y empezaron a verse muy claras las limitaciones de una clasificación tan básica y simplista en la que muchas sustancias quedaban abocadas a la sección «Miscelánea» u «Otras», o se colocaban en apartados mixtos, como ha sido el caso de la MDMA (éxtasis), cuyos efectos se situaban en la intersección entre los estimulantes y los alucinógenos, o el cannabis, que solía clasificarse como una droga depresora y alucinógena al mismo tiempo.

La rueda de las drogas

En 2012, en el Reino Unido, de la mano de Mark Adley, UK Drug-Watch y varios foros de psiconautas, surgió un modelo de clasificación que resolvió en gran medida las limitaciones de los sistemas

* Nuevas drogas de síntesis (NPS) alegales inspiradas en moléculas ya prohibidas, que se venden libremente por internet y en *smartshops* durante el tiempo que tardan en ilegalizarse.

antiguos al crear tres categorías nuevas —empatógenas/entactógenas, cannabinoides y disociativas—, además de cambiar el término «alucinógenas» por «psicodélicas», y «analgésicas» por «opioides».

Decidieron colocar las siete categorías de sustancias en forma de círculo policromático, con dos anillos, uno exterior con las drogas clásicas de cada categoría y otro interior con las nuevas drogas (muchas de las cuales todavía no han sido prohibidas) y así nació la rueda de las drogas,[1] quizá el modelo más práctico para clasificarlas

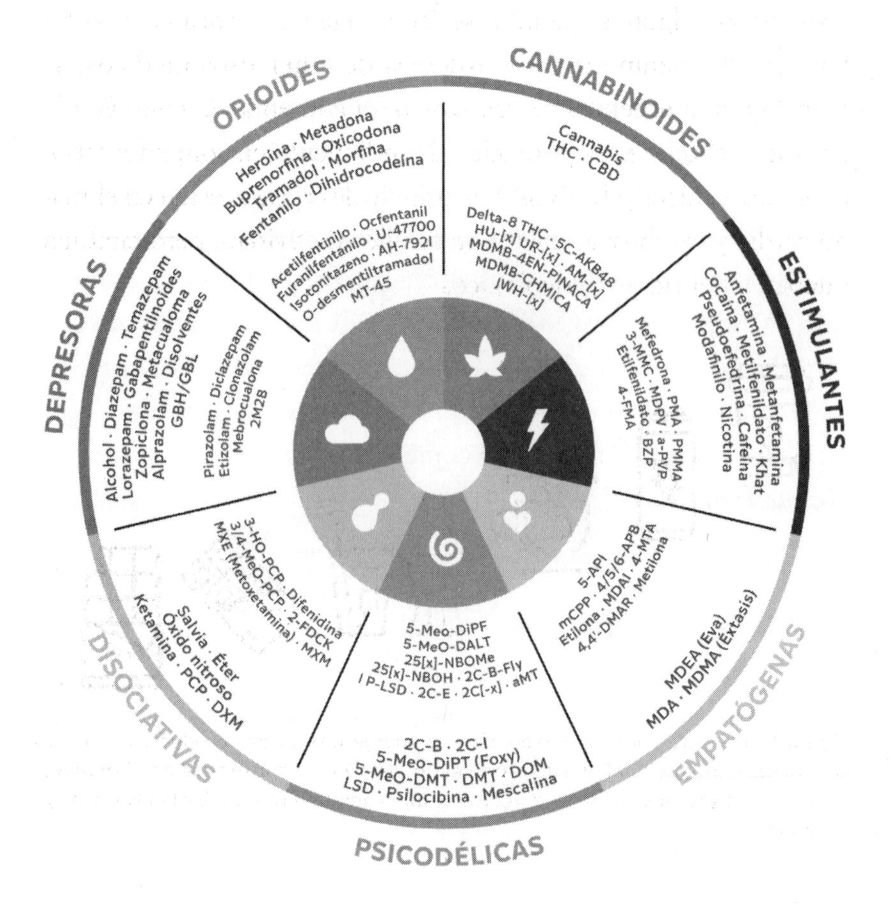

Figura 6. La rueda de las drogas traducida y rediseñada por @drogopedia. Este trabajo se basa en «The Drugs Wheel» de Mark Adley, Guy Jones y Michael Linnell (www.thedrugswheel.com), y tiene una licencia de Creative Commons 4.0 Internacional.

según los efectos que conocemos hoy (disponible online en sus múltiples versiones y ahora traducida al español por un servidor), que combina simplicidad y rigurosidad mediante la clasificación de la mayoría de las drogas clásicas y muchas de las nuevas sustancias de síntesis en estas categorías de efectos:

1. Estimulantes. Sustancias que nos activan, energizan, causan euforia, concentran..., en la mayoría de los casos mediante su acción sobre la dopamina y la noradrenalina. Pueden ser de origen natural o sintéticas. Algunos ejemplos serían la cafeína, la cocaína, la anfetamina y la metanfetamina. Además de tener usos médicos, se emplean en ambientes recreativos para aumentar la energía y la euforia, así como para potenciar el rendimiento en contextos laborales, académicos o festivos. Sus principales riesgos están en el plano cardio y cerebrovascular, y en su alta adictividad, pero también pueden tener riesgos psicológicos.

Figura 7. Diversas bebidas, como el café o las energéticas, y otros productos, como el chocolate, contienen cafeína, la droga estimulante más consumida en el mundo. Fuente: Shutterstock / Lemberg Vector studio / Invisio Frame / Ruslan Ivantsov / WizzBuzz.

2. Depresoras. Sustancias que relajan, desinhiben, sedan, causan euforia..., sobre todo mediante su acción sobre los receptores GABA. Algunos ejemplos serían el alcohol, los ansiolíticos como las benzodiacepinas y el GHB o éxtasis líquido. Además de tener usos médicos, en ambientes recreativos son consumidas para la relajación, la desinhibición social y la evasión del estrés o la ansiedad. Sus principales riesgos son de dosificación: mareos, coma, parada cardiorrespiratoria. También son adictivas y producen daños en órganos como el hígado.

Figura 8. Diversas bebidas alcohólicas, la droga depresora más popular. Fuente: Shutterstock / Illerlok_xolms / Invision Frame.

3. Opioides. Sustancias que producen analgesia, bienestar, euforia... mediante su acción sobre los receptores opioides del cerebro. Algunos ejemplos son la heroína, la morfina, la codeína, el tramadol, el fentanilo... Pueden tener origen natural o sintético, pero muchos opioides provienen de la amapola del opio *Papaver somniferum*, y a estos se los conoce como opiáceos. Las drogas opioides son muy usadas en medicina y también con finalidad recreativa, para inducir placer, euforia y alivio emocional, aunque entrañan riesgos de dosificación y parada cardiorrespiratoria, y son muy adictivas.

Figura 9. Las amapolas *Papaver somniferum*, también conocidas como «amapolas de opio», producen diversos opiáceos (morfina, codeína, tebaína, papaverina y noscapina) contenidos en un látex que, al secarse, se convierte en opio. Fuente: Shutterstock / vetre.

4. Cannabinoides. Sustancias que producen calma, distorsiones sensoriales, creatividad, risa y efectos cannábicos mediante su acción sobre los receptores cannabinoides. La mayoría de estas moléculas provienen de la planta de la marihuana (*Cannabis sativa*) y suelen encontrarse en forma de cogollos secos, aceites, hachís, mantequillas o extracciones. Algunos ejemplos serían los principios activos del cannabis: el THC y el CBD. Además de tener usos terapéuticos, el cannabis se emplea ampliamente con fines recreativos, promoviendo la relajación, la introspección y la creatividad. También es utilizado para la socialización y la mejora de la percepción sensorial. Sus riesgos son, en esencia, psicológicos, como el exacerbar algunos trastornos mentales, o incluso manifestar psicosis en personas con predisposición, pero también puede producir mareos, taquicardias y desmayos en dosis altas.

Figura 10. Las inflorescencias de la *Cannabis sativa* hembra son la parte más apreciada y consumida de la planta por su alto contenido en sustancias cannabinoides, como el THC o el CBD. Fuente: Shutterstock / PhotoArt13.

5. Empatógenas/entactógenas (semipsicodélicas). Sustancias que tienen la peculiaridad de generar empatía y conexión con los demás y con uno mismo, alteraciones sensoriales, sensación de amor, emociones positivas y bienestar mediante la liberación de serotonina, sobre todo. También suelen presentar propiedades estimulantes y psicodélicas en dosis altas, pero no se distinguen por ellas. Son todas de origen sintético. Las principales sustancias de esta categoría son la MDMA (éxtasis) y la MDA. Además de la investigación en sus usos terapéuticos, la MDMA es muy popular en contextos recreativos por su capacidad para intensificar las emociones positivas, fortalecer los lazos interpersonales y potenciar la sensación de conexión en entornos festivos, sociales o íntimos. Sus riesgos suelen estar en la temperatura corporal y a nivel cardiovascular, peo también pueden tener riesgos psicológicos.

Figura 11. Pastillas de éxtasis (MDMA), la droga empatógena/entactógena más popular, muy utilizada en contextos de fiesta y cada vez más para el trauma. Fuente: Shutterstock / Couperfield.

6. Disociativas (semipsicodélicas). Sustancias que disocian o separan del cuerpo, anestesian, descoordinan, alteran la percepción... mediante el bloqueo de los receptores de glutamato y gracias a sus propiedades psicodélicas. Suelen ser sintéticas. Algunos ejemplos serían la ketamina, la fenciclidina (PCP o polvo de ángel), el gas de la risa (N_2O). Además de su uso en medicina, se consumen con fines recreativos porque pueden inducir experiencias de desconexión del cuerpo, euforia y percepción alterada de la realidad. Sus principales riesgos son psicomotores (como caídas y accidentes) y psicológicos.

Figura 12. La ketamina es una droga disociativa muy utilizada en anestesia humana y veterinaria, y cada vez más como tratamiento de la depresión, sobre todo en su forma de esketamina. Fuente: Shutterstock / matsabe.

7. Psicodélicas. Sustancias que alteran la percepción y el pensamiento, inducen visiones, expanden la conciencia... mediante la activación de los receptores de serotonina 5-HT2A. Hace años se llamaban «alucinógenas», pero la palabra «psicodélicas» es más apropiada porque deriva de las raíces latinas *psyche* («mente») y *delos* («manifestar», «mostrar»). Por lo tanto, el término se refiere a su capacidad de manifestar la mente o los procesos mentales subyacentes. Pueden tener origen natural o sintético. Algunos ejemplos son el LSD, la psilocibina, la mescalina y la DMT. Además de la investigación para su uso médico, se utilizan desde hace milenios para la exploración de la consciencia, experiencias místicas y de autoconocimiento, así como en rituales chamánicos o prácticas espirituales. Sus riesgos suelen ser psicológicos y experienciales, aunque algunas suman riesgos fisiológicos por tener también algunos efectos estimulantes.

Figura 13. Las setas *Psilocybe cubensis* secas, conocidas popularmente como «setas mágicas» o «setas alucinógenas», son uno de los psicodélicos más populares y cada vez más usados en terapia para la depresión y las adicciones. Fuente: Shutterstock / Sudowoodo.

Estas son las siete categorías principales de drogas psicoactivas, aunque se podría incluir alguna más, por ejemplo algunas de uso psiquiátrico, como los antipsicóticos, o incluso las peligrosas drogas delirógenas anticolinérgicas, como la escopolamina y la difenhidramina. Ningún sistema de clasificación de drogas basado en sus efectos será perfecto, entre otras cosas porque la mayoría producen múltiples efectos a varios niveles. Según la dosis, el contexto de consumo y el estado mental inicial del usuario, pueden tener efectos más prominentes. Al final, lo importante es que sea un modelo lo más básico, informativo y útil posible que mantenga cierta simplicidad y funcionalidad, y que sea manejable en contextos de consumo para brindar información y facilitar la reducción de riesgos. Y este lo es.

La rueda de las drogas será el modelo que utilicemos en el libro, aunque con una pequeña modificación terminológica: en la actualidad, cuando nos referimos al renacimiento psicodélico o a los usos médicos de las drogas psicodélicas, la palabra «psicodélico» no se limita a las sustancias que aparecen en la rueda como psicodélicas (LSD, psilocibina y DMT) —que en adelante llamaremos «psicodélicos clásicos»—, sino que también incluye sustancias con efectos semipsicodélicos, como las disociativas (ketamina) y las empatógenas/entactógenas (MDMA), a las que nos referiremos como «psicodélicos atípicos» o «semipsicodélicos». De todo esto hablaremos más adelante.

Legalidad versus ilegalidad. ¿Por qué el café sí y la cocaína no?

¿Por qué la legalidad o ilegalidad de una droga no nos aporta tantos datos como podríamos pensar en un principio?

Es importante comprender que la legalidad es una construcción social y política, no química ni científica. En ausencia de sociedades, en la naturaleza, todas las drogas son legales, igual que lo es una manzana, un árbol, un conejo o una piedra. Estas moléculas son también, por defecto, legales, y hasta que una sociedad no decide controlar o restringir algunas sustancias a través de leyes u otros preceptos no surge el concepto de «drogas ilegales» o, hablando con propiedad, «drogas ilegalizadas o controladas». De hecho, cuando aparece una nueva molécula psicoactiva, por peligrosa que sea, es legal hasta que no se controle o prohíba, y para eso hay que detectar su existencia y consumo, estudiar su utilidad y peligrosidad, evaluar su riesgo y su impacto social, y legislar respecto a ella, proceso que se suele demorar unos años. Es decir, la ilegalidad no es una característica intrínseca, natural u objetiva de una droga, sino una etiqueta que la sociedad le puede poner o quitar según pase el tiempo y cambien las cosas.

A lo largo de la historia, son diversos los motivos por los que algunas drogas han sido ilegalizadas o controladas: morales, religiosos, económicos, geopolíticos, de salud, de control social, etc. —tanto es así que filósofos como Escohotado han llegado a definir algunos delitos de drogas como «crímenes sin víctima», porque muchos son delitos en los que no hay un individuo agraviado que los denuncie, sino que se juzgan en defensa de la salud pública—, y esas prohibiciones cambian a medida que lo hacen los tiempos y las sociedades.

Por ejemplo, hasta el siglo XX apenas se controlaban o prohibían las sustancias psicoactivas, aunque hubo algunas prohibiciones muy curiosas, como las del café, el tabaco, la absenta y otras drogas que hoy son inequívocamente legales. A lo largo de ese siglo, a causa de diversos conflictos económicos, sociales y del auge de movimientos moralistas y conservadores (en especial en Estados Unidos), comenzaron a controlarse y prohibirse muchas sustancias psicoactivas de forma estricta. Al principio solo prohibieron el opio y el alcohol, pero luego añadieron el cannabis y la cocaína, y, más tarde, las drogas psicodélicas. Al final, estas prohibiciones se expandieron por todo el mundo a través de las convenciones de Naciones Unidas y se ampliaron a otro tipo de sustancias.

Figura 14. Imagen de la destrucción de alcohol de contrabando durante la ley seca en Estados Unidos. Esta ley fue un buen ejemplo de que prohibir una droga no lleva a su desaparición y, en muchas ocasiones, la hace más dañina, generando nuevos problemas (crimen, adulteración, estigma social, desconocimiento, etc.). Fuente: Creative commons. Fotógrafo desconocido. Archivos del condado de Orange.

El alcohol, pese a ser una droga que puede ser bastante más dañina para la salud que muchas otras, volvió a ser legal en Estados Unidos pasados unos años, mientras que otras como el LSD, que apenas tiene toxicidad o potencial adictivo (aunque tiene otros riesgos), siguen siendo ilegales. Asimismo, el cannabis, una sustancia de máxima prohibición, está volviendo a ser legal en muchos estados y países, e incluso el CBD, un cannabinoide natural sin apenas efectos psicoactivos, toxicidad, actividad o riesgos, se ha prohibido en algunos países, como Italia, pero sigue siendo legal en otros.

No olvidemos que, en términos absolutos, la droga que más personas mata al año en el mundo es el tabaco (6,6 millones de muertes), seguida por el alcohol (3,3 millones de muertes), ambas sustancias legales. Muchas personas podrían pensar que el hecho de que no las prohíban es lo que provoca esas muertes, pero se olvidarían de que la droga más consumida del mundo es la cafeína, totalmente legal y que apenas produce muertes, como tampoco lo hace la droga ilegalizada más consumida del mundo, el cannabis, aunque provoca otro tipo de daños.

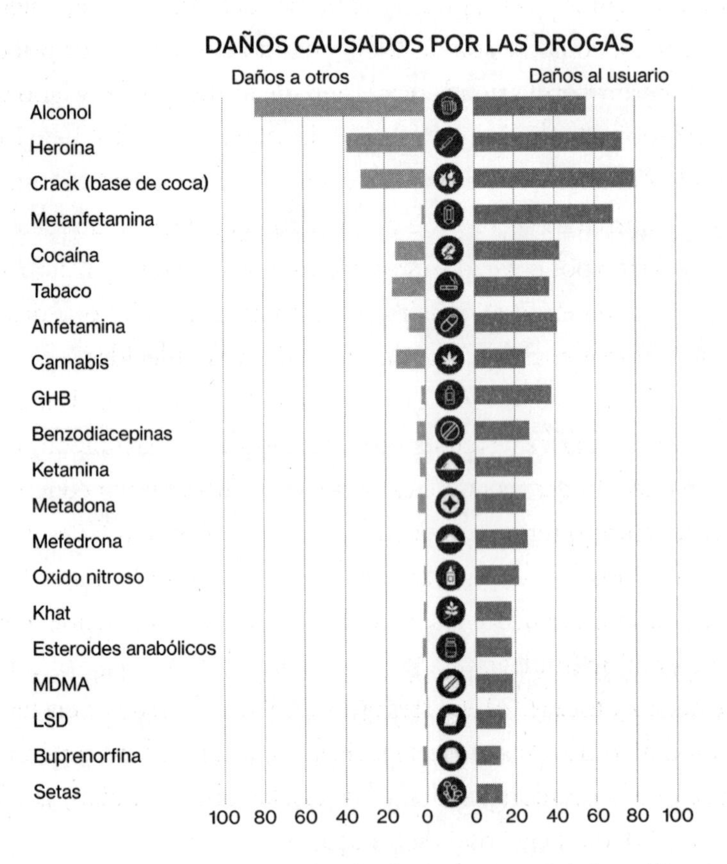

Figura 15. Ranking de daños causados al individuo y a la sociedad por diferentes drogas. Destacan los daños del alcohol a la sociedad (accidentes, peleas, delitos, etc.). Aunque los datos también se ven influidos por la cantidad de personas que tomen la droga en cuestión, hay muchos otros factores propios de cada droga, como su toxicidad, adictividad, etc. Fuente: revista *Cáñamo*; gráfico elaborado con los datos de David J Nutt *et al.* (2010).[2]

Por eso la legalidad o ilegalidad de una droga no nos dice mucho sobre sus efectos, naturaleza química, origen, riesgos objetivos, etc.

Lo único que indica es que una sociedad determinada, en un momento concreto, ha considerado que no tenía que estar disponible por algún motivo y ha decidido intentar eliminarla o restringirla, pero esos criterios cambian con el tiempo, aunque la sustancia y sus riesgos sigan siendo los mismos.

Como veremos en el capítulo 4 al hablar del primer renacimiento psicodélico, en la década de 1960, cuando el LSD y otros psicodélicos ganaron popularidad social fuera de los hospitales y laboratorios, el Gobierno de Estados Unidos decidió prohibirlos. Esto fue impulsado no tanto por los daños a la salud que producía —limitados, si se comparan con los de otras sustancias legales que nadie persigue—, sino por el miedo a sus efectos impredecibles y al impacto que estaba teniendo en movimientos contraculturales que desafiaban las normas sociales, morales y políticas establecidas.

Hoy, sin embargo, al igual que lleva años pasando con el cannabis en diversos países, estamos presenciando un renacimiento del interés por las drogas psicodélicas antaño ilegalizadas, en concreto dentro del ámbito terapéutico: en los últimos años, ciudades y estados de Estados Unidos —como Denver, Oakland y Oregón— han despenalizado e incluso legalizado el uso de ciertos psicodélicos, como veremos más adelante.

De hecho, desde 2020 en Oregón es legal usar la psilocibina para uso terapéutico. Es un avance significativo, ya que demuestra, una vez más, que la opinión pública y las legislaciones cambian, y, con ello, la legalidad o ilegalidad de las drogas.

Con el creciente número de estudios científicos que demuestran los beneficios terapéuticos de los psicodélicos para tratar trastornos como la depresión, la ansiedad, los traumas y las adicciones, es muy probable que en los próximos años veamos más cambios en las leyes. Países como Canadá ya permiten el uso de estas sustancias a determinados pacientes, y hace poco Australia dio un gran paso al permitir el uso de psilocibina y MDMA en tratamientos psiquiátricos bajo supervisión médica, mientras que en Estados Unidos se aproxima un cambio similar.

En las últimas décadas, la prohibición y el control de drogas suele argumentarse según su peligrosidad para el individuo y la sociedad, basándose en criterios de salud como su toxicidad o su potencial adictivo. Por desgracia, no siempre es así, y lo vemos si comparamos los niveles de prohibición de diferentes drogas con su nivel de peligrosidad objetiva, basado en parámetros como el daño directo a la salud del consumidor, su adictividad, su impacto social, toxicidad, letalidad, etc., como queda claro en el caso del alcohol y el tabaco.

Niveles de peligrosidad vs. niveles de prohibición de las drogas

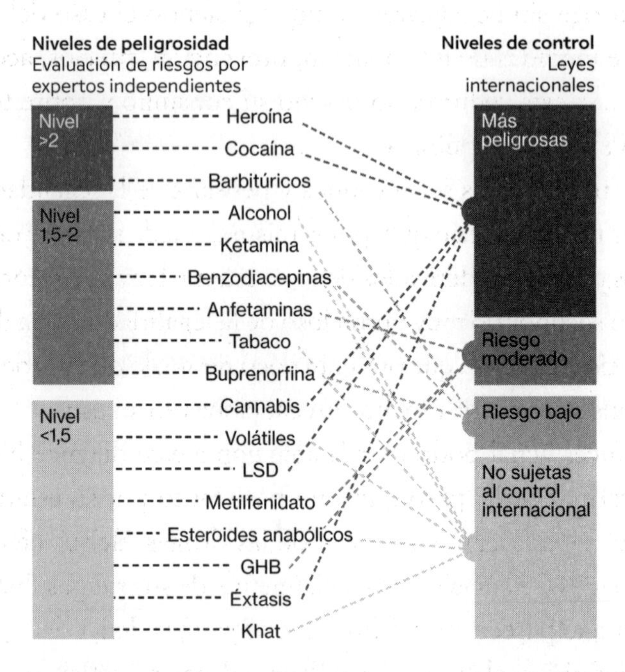

Figura I6. En esta tabla se ve que la peligrosidad de las drogas no se corresponde con su nivel de control legal. Hay sustancias objetivamente muy dañinas que son legales, mientras que otras poco dañinas son ilegales. Datos obtenidos de David Nutt *et al.* (2007)[3] y de las listas de control internacional de la Convención única de narcóticos y psicotrópicos de la Organización de las Naciones Unidas.

Al prohibir una droga, puede conseguirse una reducción temporal de su consumo, pero suelen incrementarse los riesgos y daños que produce al individuo en un principio y a la sociedad a la larga, aumentando su peligrosidad relativa. Al estigma para quienes la consumen le siguen el tabú y la falta de información sobre sus riesgos, el surgimiento de un mercado negro sin control que la adultera, el crimen que rodea al tráfico, la sustitución por sustancias más potentes y lucrativas, etc. Procesos que ya se vieron muy claramente en los años de la ley seca en Estados Unidos y que llevaron a revocarla. Esto permite afirmar que, si bien no todas las prohibiciones de drogas se basan en su peligrosidad real, casi todas consiguen incrementarla.

Tenemos buenos ejemplos de cómo se puede reducir el consumo de una droga sin ilegalizarla, como está siendo el caso del tabaco: mediante medidas de información, prevención, precios, accesibilidad, etc., se está reduciendo mucho su consumo y, sobre todo, su impacto en la salud pública.

Pero no debemos ser ingenuos y pensar que la legalidad de las drogas es una panacea o que, por sí misma, puede suponer una solución a los problemas derivados de su consumo. Hay que recordar que un efecto secundario muy pernicioso de la legalidad de una droga es que la sociedad piense que presenta poco riesgo, lo que puede derivar en un consumo mayor y menos precauciones en su uso.

Entonces ¿cuál podría ser la solución a este dilema? Nadie ha demostrado tenerla, pero quizá no pase tanto por su estatus legal como por el conocimiento social de las drogas, de sus efectos, de sus utilidades potenciales y, especialmente, de sus riesgos. Este enfoque es el que parece reducirlos y el que yo más defiendo.

En definitiva, el estatus legal de una droga no refleja siempre su peligro real ni sus posibles beneficios, sino que está sujeto a razones históricas, sociales, políticas, sanitarias y económicas que cambian con el tiempo. La experiencia nos muestra que prohibirlas no necesariamente reduce su peligrosidad e impacto en la sociedad, sino que a menudo los incrementa, al tiempo que legalizarla sin control tampoco es una garantía de seguridad. Tal vez la clave esté en comprender y divulgar tanto los efectos como los riesgos de cada sustancia, con la intención de reducir los daños y asegurar que, cuando se usen, se haga de forma informada y lo más responsable posible.

2

¿Son tan peligrosas?

Todas las drogas, tanto las ilegales como las legales de venta libre o las de uso médico controlado, son peligrosas porque pueden producir daños de diversa índole en el individuo y en la sociedad, y eso es innegable. Cualquier persona que las consuma, ya sea de forma puntual o habitual, se expone siempre a diversos riesgos. Sin embargo, no deberíamos olvidar que el peligro —mejor dicho, el riesgo— es un concepto relativo y lleno de matices. Hay que considerar un montón de variables para juzgar la peligrosidad de una acción como tomar drogas, dado que el riesgo varía en función de muchos factores, y bastantes de ellos no tienen nada que ver con la sustancia, sino con la persona y el contexto de consumo, o con su finalidad, como veremos en estas páginas. Al fin y al cabo, las drogas son objetos inertes como podría ser una piedra o una cuerda; no producen esos daños por sí mismas, sino que dependen de quién las use y cómo.

Por ejemplo, hay deportes de riesgo o actividades diarias, como montar en moto, los juegos de apuestas, algunos deportes de contacto, la escalada o ciertas profesiones de riesgo, que pueden llegar a ser muy peligrosos, incluso más que consumir algunas drogas, pero son legales y están socialmente aceptados, lo que hace que la percepción social del riesgo sea menor que la que despierta el hecho de tomar una droga ilegal. La percepción del riesgo respecto a las drogas ilegales suele ser algo demasiado subjetivo y delicado como para analizarla con frialdad sin entrar en polémicas, algo que puede asegurar el catedrático de neuropsicofarmacología del Imperial College de Londres, el profesor David Nutt, cesado como presidente del Consejo Asesor sobre el Abuso de Drogas del Gobierno del Reino Unido en 2009 por atreverse a demostrar que, en términos estadísticos, montar a caballo puede ser igual o más peligroso que tomar MDMA.[4,5]

Además, en la percepción y la aceptación del peligro entran en juego muchas variables morales, sociales o contextuales que indican si este es asumible o no. ¿Por qué es socialmente asumible e incluso incentivado el riesgo de emborracharse hasta el coma etílico en unas fiestas de pueblo y no lo es tomar MDMA una noche? Otro de los ejemplos de cómo el contexto modula el riesgo y nuestra percepción de él está en el uso medicinal de las drogas, que busca el mejor equilibrio entre beneficio y riesgo.

Por ejemplo, el fentanilo se considera una de las droga más peligrosas que existen, muy adictiva y tóxica, con una dosis letal muy baja, que causa cerca de cien mil muertes al año en Norteamérica y nadie diría que es seguro tomarla. Sin embargo, si se usa bajo control médico, puede ser segura y muy eficaz contra el dolor. De hecho, se utiliza a diario en todos los hospitales del mundo porque es un analgésico muy eficaz e indispensable. La sustancia es la misma, pero su peligrosidad objetiva y su percepción de riesgo se reducen bastante al cambiar el contexto.

Casi todo lo que hacemos comporta peligro, aunque sea bajo, desde montarnos en un coche (accidente de tráfico) hasta nadar en el mar (ahogamiento), caminar por la calle (caída, atraco, atropello...) o comer en un restaurante (intoxicación alimentaria). Lo importante es evaluar bien el nivel de riesgo real de cada acción, con objetividad, sin juicios morales ni sociales, para que esto no nos impida ver las utilidades (terapéuticas y de diversa índole) que pueden tener algunas de estas acciones a priori juzgadas como peligrosas. Pero para hacer esto primero hay que saber qué es el riesgo y qué es el daño, cuáles provocan las drogas, si pueden reducirse y qué usos terapéuticos (o de otro tipo) pueden tener estas sustancias para que el balance beneficio-riesgo o utilidad-riesgo pueda ser favorable.

Riesgos y daños

María y sus amigos estaban en un festival de música disfrutando del set del DJ cabeza de cartel. En un momento dado, decidieron tomarse unas pastillas de éxtasis que habían comprado a un camello que andaba por allí ofreciendo. Habían bebido bastante, sobre todo María. A la media hora, la chica comenzó a sentirse abrumada, angustiada, confusa, desorientada, mareada..., pues lo que ella no sabía es que la pastilla contenía una dosis demasiado alta de MDMA (éxtasis). Por suerte, después de apartarse unos minutos del tumulto y vomitar, se quedó sentada y sus amigos, que se encontraban bien, cuidaron de ella. Al darse cuenta de que el susto había pasado, María bebió agua y comenzó a sentirse mejor. Tenía ganas de bailar, así que les pidió a sus amigos volver al festival, donde continuaron la noche sin más consecuencias, aunque al día siguiente la chica amaneció con muchísima resaca.

¿Qué hubiese pasado si María no hubiera bebido tanto? ¿Y si no se hubiese tomado la pastilla? ¿Y si hubiera usado el servicio de análisis de sustancias de Energy Control* para averiguar su contenido real y tomarse solo media pastilla? ¿Y si se hubiese desmayado por

* Energy Control es un programa de reducción de riesgos de la ONG española ABD. Informa a usuarios desde una perspectiva científica y sin juicios sobre drogas, riesgos y reducción de riesgos. A menudo lo hace en festivales de música y otros espacios de ocio donde haya consumo, además de ofrecer servicios como el análisis de drogas *in situ* para detectar adulterantes peligrosos y otros peligros.

un golpe de calor? ¿Y si, en vez de MDMA, la pastilla hubiera contenido algo más tóxico, como PMMA, dimetilpentilona o fentanilo?

Este tipo de situaciones son más comunes de lo que se piensa, me las encuentro con frecuencia en festivales de música, y destacan la importancia de entender los riesgos de las sustancias e informarse muy bien sobre ellas antes de decidir si consumirlas para, en caso de hacerlo, minimizar al máximo sus riesgos y daños. Pero ¿hay diferencias entre estos dos términos? Y de ser así, ¿cuáles son?

¿Qué es un riesgo y qué es un daño?

Cuando hablamos de drogas, el riesgo es la probabilidad de que ocurra algo negativo debido al consumo de esa sustancia, es una posibilidad. Por ejemplo, consumir una dosis alta de MDMA conlleva el riesgo de sobrecalentamiento corporal (hipertermia), accidente cardiovascular (infarto) o experiencias abrumadoras (mal viaje), entre otros. Los daños, por su parte, no son una probabilidad, sino la consecuencia negativa tangible del consumo de drogas cuando ese riesgo se materializa, como los daños físicos (sobredosis, enfermedad), psicológicos (ansiedad, psicosis) y sociales (problemas legales, pérdida del empleo).

Por ejemplo, consumir cocaína tiene el riesgo de producir un infarto; ese riesgo siempre va a estar ahí, y será más o menos alto según la dosis, la frecuencia de consumo, la salud del individuo, la edad, etc. A la mayoría de las personas no les pasará, pero para aquellas que finalmente lo sufran ese riesgo se habrá materializado en un daño. En el ejemplo anterior, María corría el riesgo de haber sufrido un golpe de calor o una taquicardia; no llegó a pasar, lo que sí pasó fue que se mareó por tomar una dosis de MDMA estando borracha y vomitó. Los riesgos siempre están ahí, pero afortunadamente no tienen por qué convertirse en daños, sobre todo cuando hay un buen conocimiento, como en el caso del uso médico controlado.

Un riesgo implica una posibilidad, la probabilidad de que algo suceda, mientras que el daño es el resultado tangible cuando se produce. Así, la distinción entre riesgo y daño es que la primera es una posibilidad y la segunda es un hecho. Esta diferenciación es crucial para diseñar estrategias adecuadas para entender, prevenir y tratar los efectos negativos del consumo de drogas.

Tipos de riesgos y daños

Existen diversos tipos de riesgos y daños que pueden producir las drogas. Los más importantes son los siguientes:

- **Riesgos físicos o fisiológicos.** Se conocen como «toxicidad», y son los que tienen que ver con dañar el cuerpo, sus órganos o sistemas. Algunos ejemplos son infarto producido por cocaína, cirrosis hepática por el consumo de alcohol, depresión respiratoria por fentanilo, accidente cerebrovascular (ictus) por metanfetamina, golpe de calor por MDMA, etc.
- **Riesgos psicológicos.** Son los que afectan a la salud mental: un mal viaje con psicodélicos, la adicción al fentanilo, un brote psicótico por consumo de cannabis, etc.
- **Riesgos contextuales, comportamentales y sociales.** Tienen que ver con el contexto de consumo de la sustancia: empezar una pelea por estar agresivo tras tomar estimulantes, sufrir un accidente de tráfico por conducir borracho, practicar sexo sin protección después de consumir GHB, apostar todo el dinero en el casino por estar eufórico de cocaína, tropezarse y hacerse daño por ir borracho, etc.

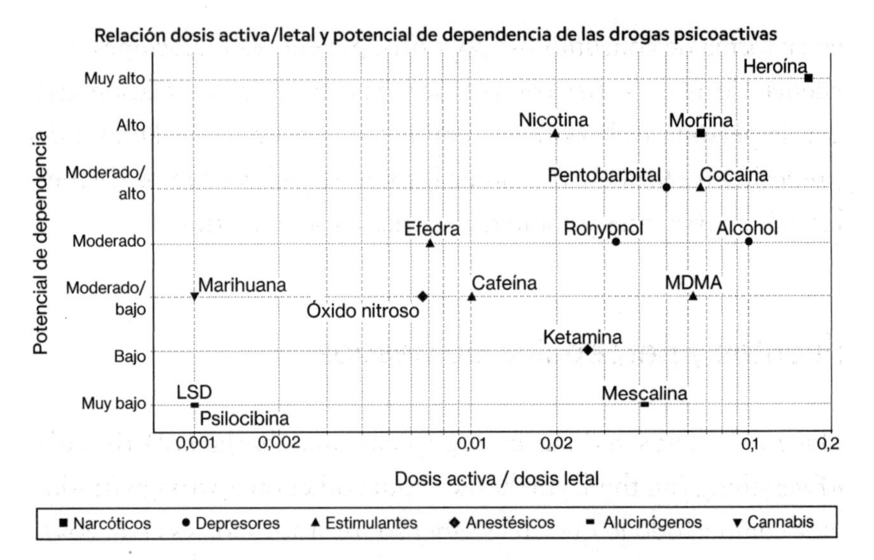

Figura I7. En esta tabla aparecen diferentes drogas ordenadas según su potencial letal (cuántas dosis normales producen una dosis letal) y su adictividad. Las sustancias con mayor potencial letal se hallan a la derecha (heroína, cocaína, alcohol), y las más adictivas, más arriba (nicotina, morfina, heroína). Cuanto más cerca estén del eje, menos adictivas y menos letalidad potencial tienen (LSD, psilocibina, marihuana, óxido nitroso, etc.). Fuente: Wikimedia Commons (CC 4.0) y datos de R. S. Gable (2006).[6]

Asimismo, también hay diferencias según cuándo se manifestarían los daños:

- **Riesgos agudos.** Los que aparecen durante el consumo, aunque sea puntual: sobredosis de alcohol, infarto por cocaína, mareo por GHB, ansiedad por cannabis, golpe de calor por MDMA…
- **Riesgos del uso crónico.** Los que se desarrollan por el uso continuo de las sustancias: cirrosis hepática con el alcohol, problemas de vejiga con la ketamina, adicción con la heroína, etc.

Cuando hablamos de los efectos y riesgos de las drogas, ya sean legales o ilegales, lo más común es centrarse en la sustancia en sí y en su forma de consumo —tipo, dosis, pureza, adulteraciones, frecuencia de uso...—, pero rara vez se piensa en variables relacionadas con la persona y el contexto, tan importantes o más a la hora de predecir sus efectos y disminuir los riesgos del consumo. Veamos las más importantes y cómo manejarlas para reducirlos.

Fuentes y percepción de riesgos

Hace unos años se hizo muy popular una charla TED titulada «Everything you think you know about addiction is wrong» (traducida como «Todo lo que crees saber sobre la adicción es erróneo»). En ella, el periodista y escritor británico-suizo Johan Hari —autor del libro *Tras el grito: Un relato revolucionario y sorprendente sobre la verdadera historia de la guerra contra las drogas*—[7] planteaba que las drogas no son, por sí solas, las que deciden quién se vuelve adicto y quién no. Según él, influyen mucho más los factores relacionados con la persona y su contexto, como el círculo social, los motivos detrás del consumo o posibles traumas. Además, defendía que, modificando esos ámbitos personales y contextuales, es posible que alguien con problemas de consumo deje de tenerlos.

Esta visión sorprendió a mucha gente que no estaba metida en el tema de las drogas, ya que se suele pensar que solo las características de la sustancia —tipo, dosis, pureza, adulteraciones, frecuencia de uso, etc.— determinaban los riesgos y resultados de consumirla. Es decir, se creía que daba igual quién la consumiera o en qué circunstancias: la heroína siempre causaba adicción, la cocaína volvía a cualquiera adicto, los psicodélicos o el cannabis llevaban a la locura, y así con todo. Nada más lejos de la realidad. Al igual que ocurre con otros efectos del consumo, la adicción es un proceso muy complejo con dimensiones biológicas, psicológicas y sociales que van mucho más allá de la sustancia o del cerebro únicamente.

Cuando pensamos en drogas legales como el café o el alcohol, que no nos resultan tan polémicas, curiosamente es más fácil entender esta idea. ¿El café es igual de peligroso para alguien con hipertensión o problemas cardiacos que para una persona sana?, ¿o para alguien con ansiedad? ¿Es lo mismo beber una copa de ron con amigos en un bar que hacerlo justo antes de conducir? ¿Tiene los mismos riesgos tomar opioides recetados por un médico para el dolor que utilizarlos en la calle para evadirse de un trauma? ¿Por qué tantas personas beben alcohol sin problema mientras otras, en ciertas situaciones, desarrollan alcoholismo?

Para comprender o anticipar qué puede pasar cuando alguien consume una droga —sea legal o ilegal— es importante valorar muchos factores, no solo la sustancia en sí. Esto queda muy claro en el caso de los psicodélicos, donde elementos como la mentalidad de la persona y el contexto en que consume (lo que se conoce como *set & setting*) pueden definir por completo la experiencia y sus riesgos, por encima de la propia sustancia psicodélica particular que se esté tomando, su dosis o su pureza.

Desde hace décadas, numerosos estudios y experimentos muestran que cambiar las circunstancias en las que alguien consume drogas puede reducir considerablemente su uso y sus riesgos, como los famosos experimentos «rat park»[8] que ya en los años setenta apuntaban que las ratas adictas a la morfina en sus solitarias jaulas reducían su consumo cuando eran introducidas en un entorno enriquecido y social, destacando la influencia del entorno y la conexión social en la adicción. Los humanos no somos como las ratas y estos experimentos no son infalibles, pero en 1984, el psiquiatra estadounidense Norman Zinberg publicó *Drug, set, and setting*,[9] que dio lugar al llamado «triángulo de Zinberg». Este modelo explica cómo las características de la sustancia, la persona y el entorno se combinan y determinan los riesgos y experiencias que cada individuo tiene al consumir drogas.

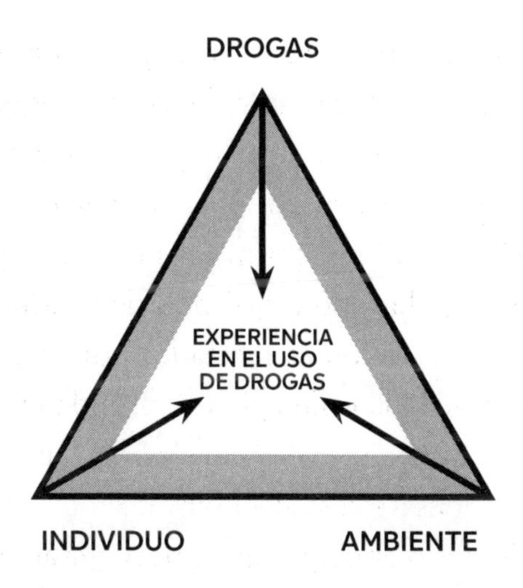

Figura 18. Triángulo de Zinberg: la experiencia en el uso de drogas —riesgos incluidos— no solo depende de la sustancia que se utilice (tipo, dosis, pureza...); también tienen mucho peso las variables de cada persona (edad, sexo, experiencia previa, estado psicológico...) y el ambiente o contexto (lugar, compañía, ruido, temperatura...). Fuente: revista *Cáñamo*.

Si nos basamos en esta teoría, ¿qué debemos tener en cuenta si queremos evaluar los riesgos del consumo de una sustancia psicoactiva con fines medicinales o de cualquier tipo? ¿Sobre qué elementos han de actuar las medidas de reducción de riesgos o daños? Veamos algunas de las variables más importantes que hay que tener en cuenta en cada una de estas esferas para reducir los riesgos.

Variables de la sustancia

- **Tipo.** Por supuesto, no es lo mismo la MDMA (una sustancia empatógena/entactógena y semipsicodélica) que el alcohol (depresora), la cocaína (estimulante), la ketamina (disociativa y semipsicodélica), el cannabis (cannabinoide) o el LSD (psicodélica). Dentro de cada familia de sustancias existen grandes diferencias que debemos tener en cuenta respecto a la potencia farmacológica, la duración, los riesgos, etc., como los que pueden darse dentro de los estimulantes entre la nicotina, la cafeína, la cocaína, la anfetamina o la metanfetamina; o, dentro de los depresores, entre el alcohol, las benzodiacepinas o el GHB. En este sentido, para reducir los riesgos hay que informarse muy bien sobre una sustancia antes de decidir si se va a consumir, cómo y para qué.

- **Dosis.** El alquimista Paracelso dejó para la historia la máxima «La dosis hace el veneno», y tenía mucha razón. Los efectos y riesgos de una sustancia pueden ser muy diferentes en función de la dosis que se consuma. Por ejemplo, el GHB (éxtasis líquido) es una sustancia que, a dosis bajas, tiene un buen perfil de seguridad —de hecho, la producimos de forma natural en el cerebro—, pero a dosis altas o combinada con alcohol es muy peligrosa. En términos generales, a menor dosis, menores riesgos. Como decimos en Energy Control, «menos es más».

- **Pureza.** La pureza es la cantidad de principio activo que hay realmente en una droga, y, en drogas legales o médicas suele ser un dato controlado y conocido por el consumidor (por ejemplo, los grados de alcohol en un licor o la concentración de un medicamento). En el caso de las drogas ilegales, debido a su falta de regulación, la pureza es un dato variable y generalmente desconocido, lo que alienta el timo y supone un peligro para la salud. La pureza está muy relacionada con la dosis, ya que conocerla ayuda a determinar la cantidad neta de una sustancia que se está consumiendo frente a la bruta. Si, por ejemplo, alguien se toma 100 miligramos de MDMA creyendo que es pura, pero en realidad contiene un 20 por ciento de azúcar como adulterante inerte, la persona, sin saberlo, estará tomando una dosis menor de la que creía. Si los adulterantes no son sustancias tóxicas o psicoactivas (como en este caso el azúcar, que es farmacológicamente «inerte»), no implicaría mayor problema que la propia droga, siempre y cuando se conozca su porcentaje de pureza para poder ajustar las dosis y evitar sustos. Pero hay riesgos importantes si una persona se acostumbra a consumir una sustancia de baja pureza y un día, sin saberlo, la consume muy pura, pues estaría tomando una dosis mucho mayor que la deseada. Por ejemplo, un consumidor de heroína que esté tomando 100 miligramos con una pureza del 20 por ciento en realidad estaría consumiendo 20 miligramos de heroína; si un día toma esos 100 miligramos de heroína pura, puede sufrir una sobredosis letal. Desde los programas de intervención para la reducción de riesgos se recomienda analizar las sustancias que no vengan de mercados regulados en servicios analíticos especializados, como el de Energy Control (en España o a nivel internacional), siempre que sea posible.

- **Adulteraciones.** Además de alterar la pureza de las sustancias, son preocupantes los adulterantes tóxicos, aquellos que tienen propiedades psicoactivas o pueden interferir con los efectos de la droga principal. Como en el caso anterior, es un problema derivado de la ilegalidad de las drogas, dado que la falta de controles fomenta el engaño o el fraude. Desde los servicios de reducción de riesgos se recomienda analizar las sustancias siempre que no provengan de mercados regulados (como es el caso de todas las drogas ilegales), cuando sea posible, para detectar adulterantes.
- **Vía de administración.** Dependiendo de si se consume por vía oral, nasal, pulmonar, intravenosa, etc., cambian mucho los efectos, la potencia, la duración, la dosis y los riesgos de una sustancia. Además, puede suponer riesgos extra, como la transmisión de enfermedades en el caso de drogas inyectadas con material compartido. Por ejemplo, la dosis, la duración, los efectos y los riesgos del cannabis por vía oral no tienen nada que ver con el cannabis fumado, y mucha gente acaba viviendo una mala experiencia por confiarse y tomarse un

bizcocho con una dosis que podrían fumar sin problema. Es muy importante informarse al respecto.

- **Frecuencia de consumo.** Es fundamental tenerla en cuenta para evaluar los efectos y riesgos. No es lo mismo consumir alcohol los sábados por la noche que a diario, o tomar éxtasis cada dos semanas que un par de veces al año. En términos generales, a menor frecuencia de consumo, menores riesgos para la salud.

Variables de la persona

- **Sensibilidad basal.** No todo el mundo responde igual a las drogas; el cuerpo, el estado mental y el sistema nervioso pueden diferir mucho de una persona a otra. Las hay que, con un poco de MDMA, pueden sentirse muy arriba, mientras que otras no lo noten demasiado. A algunas un café puede ponerlas nerviosas durante horas (metabolizadores lentos) mientras que otras son capaces de dormir al poco rato (metabolizadores rápidos). Para reducir los riesgos al consumir una droga legal o ilegal, sobre todo por primera vez, lo mejor es empezar por dosis bajas y evaluar los efectos antes de pasar a dosis medias.
- **Tolerancia.** Cuando una sustancia se consume con frecuencia, el cuerpo se adapta a ella y manifiesta menos efectos a la misma dosis. Por eso la cantidad de cafeína que utiliza una persona para espabilarse es muy distinta entre alguien que toma café a diario y quien lo toma de forma esporádica. La recomendación para las personas que deciden consumir una droga (legal o ilegal) es que tengan en cuenta la tolerancia y no asuman que un novato puede tomar la misma dosis que la gente habituada a ella.
- **Medicaciones u otras mezclas.** Hay medicamentos y drogas que pueden interaccionar de forma peligrosa, al igual que

sucede entre drogas psicoactivas de la misma o de distinta familia. Las mezclas provocan que no se puedan predecir sus efectos y riesgos. Si la persona que va a consumir está tomando medicinas u otras drogas con las que puedan interaccionar, es muy importante que se informe de los riesgos y que se pregunte si la dolencia para la que toma la medicación es susceptible de agravarse con la droga.

- **Enfermedades físicas y mentales latentes.** Esta variable es muy importante. Algunas drogas pueden agravar o manifestar enfermedades latentes tanto físicas como mentales. Por ejemplo, una persona con problema de arritmias o hipertensión asume más riesgos al tomar café u otros estimulantes, y lo mismo les sucede a quienes tienen predisposición a la psicosis si consumen cannabis o psicodélicos. La recomendación para las personas que decidan consumir una droga (legal o ilegal) es que se informen lo máximo posible de los efectos y riesgos de esa sustancia, que tengan en cuenta su estado de salud o enfermedades físicas y mentales y que evalúen las posibles interacciones de riesgo entre esos elementos.

- **Edad.** La respuesta del cuerpo y la mente a las sustancias psicoactivas cambia con la edad, por lo que es una variable que hay que tener muy en cuenta. El cerebro es un órgano plástico que va cambiando a la largo de la vida. Es mucho más vulnerable a los efectos tóxicos de las sustancias psicoactivas en sus etapas de mayor desarrollo, la niñez y la adolescencia, por lo que, para reducir riesgos y daños, debería evitarse o reducirse al máximo el consumo de drogas legales e ilegales antes de los 25 años (salvo por prescripción médica), cuando se considera que el cerebro ya ha madurado.

- **Sexo y hormonas.** El cuerpo de la mujer y el del hombre son distintos. Además, hay importantes diferencias hormonales no solo entre ambos sexos, sino también entre individuos del mismo sexo. Por eso podrían darse diferencias en la respuesta y los riesgos ante distintas sustancias.

- **Razón o motivación del consumo.** Es muy importante identificar la razón o la motivación de una persona para consumir una sustancia psicoactiva. No se expone a los mismos riesgos quien la toma con fines medicinales, o para amplificar una experiencia positiva (como tiende a ser el caso, por ejemplo, de quien bebe alcohol en una fiesta o toma MDMA en un festival de música con sus amistades) que quien lo hace para olvidar, para evadirse de una situación difícil o lidiar con traumas o dolores emocionales (como les sucede a algunas personas consumidoras de opiáceos o alcohol). Para reducir los riesgos, es conveniente analizar la motivación de consumo y valorar si podría llegar a ser un problema.
- **Estado mental y emocional.** Muchas drogas pueden amplificar el estado mental o emocional, con los riesgos que eso conlleva en determinadas situaciones. No es lo mismo consumir setas psicodélicas un día de bienestar emocional que uno de intranquilidad, estando enérgico o cansado. Por ello es importante evaluar el estado mental y emocional antes de decidir si se va a consumir una sustancia, y no hacerlo si no se está bien o preparado para ello.
- **Preparación psicológica y expectativas.** Las experiencias derivadas del uso de drogas pueden ser muy intensas. Por eso es muy recomendable que quienes vayan a consumir se informen y preparen convenientemente para minimizar los riesgos de vivir experiencias inesperadas, descontroladas, negativas o incluso peligrosas.

Variables del contexto

- **Contexto de consumo.** El consumo de drogas legales e ilegales se da en muchos contextos. No es lo mismo tomar cafeína en la oficina que antes de irse a dormir, consumir opioides pautados por un médico tras una operación que tomarlos en la calle, o beber alcohol en una fiesta con amigos que hacerlo solo en casa. Para reducir los riesgos, lo mejor es que el contexto de consumo sea lo más predecible y seguro posible, y que coincida con la intención y las expectativas.
- **Acompañamiento o entorno social.** Este puede ser un factor clave para determinar y reducir los riesgos. Por ejemplo, no tiene los mismos riesgos una experiencia psicodélica en soledad que en compañía de personas desconocidas o de confianza. Tampoco es igual de arriesgado consumir drogas que puedan causar inconsciencia estando solo que en compañía. Desde el enfoque de la reducción de riesgos, se recomienda que quienes vayan a consumir lo hagan acompañados de personas de confianza.
- **Actividades.** Si tenemos en cuenta la descoordinación, los reflejos lentos o la dificultad para evaluar el peligro que pueden darse bajo los efectos de algunas sustancias, es una importante fuente de riesgos. Un buen ejemplo es el peligro que entraña consumir en entornos irregulares o escarpados, practicar deportes de riesgo o conducir vehículos. Desde la reducción de riesgos, siempre se advierte del peligro de caída o accidente al estar bajo los efectos de sustancias psicoactivas.
- **Entorno físico.** La música, el ruido, la luz, la temperatura… son determinantes. Por ejemplo, la MDMA (éxtasis) en entornos muy calurosos puede aumentar el riesgo de sufrir un golpe de calor, o los psicodélicos en entornos con mucha estimulación (luces, música, voces, etc.) son capaces de producir ansiedad. En este caso, la recomendación de reducir los riesgos se

basa en tener en cuenta estas variables antes de elegir un entorno físico si se va a consumir una sustancia.

- **Legalidad.** El estatus legal del consumo o de la sustancia en el espacio en que se encuentre la persona consumidora es muy determinante. No se expone al mismo riesgo legal alguien que camina por la calle con una caja de ansiolíticos en el bolso que quien lo hace con unos cogollos de cannabis, ni se expone al mismo riesgo quien se toma una copa en una terraza (legal) que quien lo hace en un parque (botellón, ilegal). Como es lógico, mantenerse dentro de la legalidad reduce los riesgos legales y evita sustos.

En conclusión, pese a que solemos hablar de las drogas como el único elemento central por lo que se refiere a sus efectos y riesgos, la evaluación y la predicción son más complejas de lo que parece. No solo hay muchas más variables que las que suelen tenerse en cuenta, sino que se dan diversas interacciones entre ellas. Esto provoca que los efectos y riesgos de las sustancias sean muy difíciles de predecir de forma precisa, y que la reducción de riesgos sea una actividad multifactorial. Es básico que quienes vayan a consumir una sustancia psicoactiva, legal o ilegal, implementen esta actividad con mayor amplitud de miras. Al final, lo más importante para reducir riesgos es informarse de todo antes de evaluar el balance de efectos y riesgos. Si al final se decide consumir, hay que utilizar estrategias que reduzcan los riesgos que emanan de los tres vértices del triángulo de Zinberg, no solo de uno de ellos.

Reducción de riesgos y reducción de daños

La única forma de evitar los riesgos y los daños que puede producir una actividad es no realizarla. En el caso de las drogas, legales, medicinales o ilegales, la opción más segura es no consumirlas (salvo en casos de uso médico donde sea más peligroso no tratarse), pero eso no significa que no existan formas de reducir de forma considerable los riesgos y los daños en las personas que, según su balance de «beneficios» versus «riesgos», decidan de manera libre e informada consumirlas con un objetivo (médico, recreativo...). Y aquí entra la reducción de riesgos (RdR) y la reducción de daños (RdD).

¿Qué son la reducción de riesgos y la reducción de daños?

La RdR se centra en disminuir la probabilidad de que se produzcan eventos adversos durante el consumo de drogas, es decir, se centra en evitar que los riesgos posibles se conviertan en daños. Se trata de informar y educar sobre el uso de las sustancias con un menor riesgo, y de promover prácticas que minimicen la exposición al peligro. Por ejemplo, en festivales, se pueden ofrecer servicios de análisis de drogas para que los asistentes conozcan la pureza y la composición de las sustancias que pretenden consumir y puedan tirarlas si descubren que están adulteradas, o puestos informativos en los que pueden conocer los riesgos de las sustancias y cómo minimizarlos. Fuera del ámbito de las drogas, encontramos otros ejemplos de RdR, como el uso del preservativo para impedir el contagio de enfermedades de transmisión sexual o las mascarillas para evitar contagiarse de un virus respiratorio.

En cambio, la RdD se basa en mitigar las consecuencias negativas que ya se han producido o que están dándose debido al consumo de drogas. Incluye intervenciones como el tratamiento de las sobredosis, programas de intercambio de jeringuillas para evitar la propagación de enfermedades infecciosas y servicios de apoyo psicológico para tratar problemas de dependencia o el malestar emocional posconsumo. Este tipo de estrategias suelen estar más asociadas al consumo problemático que recreativo, aunque pueden verse en ambos contextos. Fuera del ámbito de las drogas, tenemos otros ejemplos de RdD, como el cinturón de seguridad en el coche o el casco en la moto: no evitan los accidentes de tráfico ni reducen la probabilidad de sufrirlos, pero minimizan los daños en caso de producirse.

Ambas estrategias funcionan[10] y son complementarias, pero abordan diferentes aspectos, tiempos y grupos poblacionales. Mientras que la RdR pretende prevenir eventos negativos para que no se den, la RdD se enfoca en reducir o mitigar las consecuencias existentes.

Herramientas de la reducción de riesgos y de la reducción de daños

Para cumplir sus objetivos, ambas estrategias cuentan con diversas herramientas que podemos diferenciar según hablemos de RdR o de RdD.

Reducción de riesgos

- **Información y educación.** Ofrecer información precisa y práctica sobre drogas, salud, riesgos, dosis, pureza, métodos de administración y posibles interacciones.

- **Servicios de análisis.** Proveer de servicios estacionarios de análisis de sustancias sobre el terreno, kits de autotest, tiras reactivas de descarte o puestos en eventos de ocio para que los usuarios verifiquen *in situ* la composición de las drogas y detecten adulterantes tóxicos para descartar su consumo y emitir alertas sanitarias en caso de detectar sustancias peligrosas. Por ejemplo, hace unos años se detectaron unas pastillas de falso éxtasis con el logo de supermán que se estaban vendiendo en fiestas y contenían una sustancia muy tóxica que no era MDMA. Estas pastillas estaban produciendo muertes en festivales de música. Gracias a que un servicio de análisis las detectó sobre el terreno y emitió una alerta internacional, se pudo alertar a los asistentes a fiestas para que evitasen esa pastilla y se salvaron muchas vidas.[11]

- **Educación en salud y consumo de menor riesgo.** Ofrecer herramientas prácticas e informativas dirigidas a incentivar que, quienes decidan consumir, lo hagan habiendo entendido los peligros con el menor riesgo posible. Por ejemplo, ofrecer alcoholímetros para comprobar el nivel de alcohol en sangre y no conducir hasta que dé cero, o repartir boquillas para filtrar el humo de los porros.

- **Creación de entornos seguros.** Crear espacios donde se minimicen los riesgos del uso de sustancias. Por ejemplo, que las discotecas eviten tener escalones por los tropiezos del alcohol, no usar vasos de cristal, tener buena ventilación, zonas de descanso, etc.

- **Hidratación y nutrición.** Destacar la importancia de mantenerse hidratado y bien alimentado, en especial al tomar drogas que puedan causar deshidratación o pérdida del apetito. Por ejemplo, la MDMA causa deshidratación y sobrecalentamiento, motivo por el cual en muchos festivales ofrecen fuentes gratuitas y lanzan campañas que recuerdan a los asistentes la importancia de beber agua.

Figura 19. Las alertas emitidas por los servicios de análisis de drogas en festivales de música son tomadas muy en serio por los asistentes y permiten salvar vidas. Fuente: Shutterstock / Flametric.

Reducción de daños

- **Programas de intercambio de jeringuillas.** Intercambian las jeringuillas sucias por jeringuillas limpias, para prevenir la transmisión de enfermedades infecciosas, como el VIH o la hepatitis, entre los consumidores de drogas inyectadas como la heroína. Esta herramienta fue, junto con los preservativos, una de las estrategias más importantes para frenar la epidemia de VIH en los años noventa.

- **Tratamiento de sobredosis.** Distribuir antídotos o formación, para tratar sobredosis y así evitar muertes u otro tipo de daños graves que pueden darse en el uso de drogas especialmente tóxicas. Por ejemplo, la distribución de naloxona para revertir los efectos de sobredosis de opioides, como el fentanilo o la heroína. Esta estrategia está siendo de vital importancia para salvar vidas en la epidemia actual de consumo de fentanilo en Estados Unidos.

- **Apoyo psicológico y social.** Ofrecer servicios para ayudar a los usuarios a lidiar con problemas derivados del consumo, además de apoyo a la salud mental y rehabilitación.
- **Salas de consumo supervisado.** Establecer espacios donde las personas consumidoras de drogas especialmente peligrosas puedan consumir bajo la supervisión de personal médico y con acceso a material higiénico, lo que reduce el riesgo de sobredosis, contagios y proporciona acceso a los servicios de salud.
- **Tratamientos de sustitución.** Se basan en el principio de sustituir una droga por otra menos dañina. Por ejemplo, usar medicamentos como la metadona o la buprenorfina en lugar de heroína o fentanilo en personas con dependencia, fumadores que reciben váperes y parches de nicotina para tratar la adicción al tabaco (más dañino que la nicotina sola) o sustancias depresoras como las benzodiacepinas para reemplazar el alcohol en personas con alcoholismo.
- **Activismo político.** Cambiar las políticas respecto al control de drogas para reducir los daños sobre los usuarios y aquellos que también producen de forma colateral al resto de la población. Su ilegalidad añade más riesgos a su uso: criminalidad, adulteración, desconocimiento, prisión...

Este enfoque también puede incluir el tratamiento de enfermedades hepáticas en alcohólicos crónicos, así como programas de rehabilitación no necesariamente basados en la abstinencia para quienes buscan mitigar los daños de esa adicción. Las intervenciones de RdD pueden ofrecer soporte legal y social a los usuarios que se enfrentan a problemas por el consumo de sustancias.

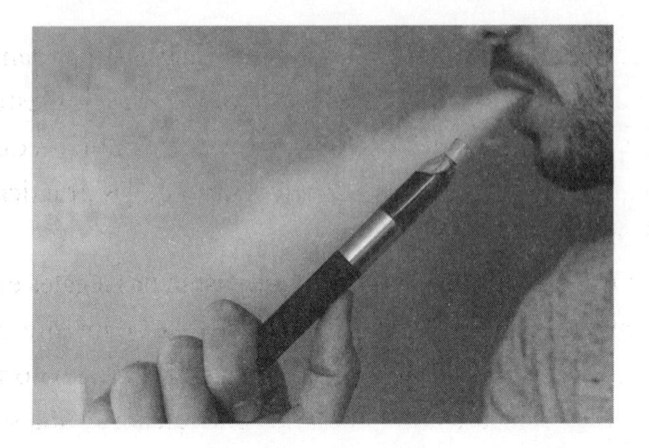

Figura 20. Los vápers de nicotina son una herramienta de reducción del daño para los fumadores de tabaco (ya que el tabaco contiene muchas más sustancias nocivas además de la nicotina), siempre y cuando no se vapee más de lo que se fumaba antes. Fuente: Creative commons / Lindsay Fox.

Aplicación práctica en festivales y otros entornos de ocio

En festivales de música y otros espacios de ocio es común ver que ambas estrategias se implementan a la vez. Los puestos de información y análisis de drogas (RdR), como los de Energy Control en España, trabajan con servicios de primeros auxilios y apoyo emocional (RdD) para garantizar un ambiente seguro y de apoyo. Estas intervenciones no solo ayudan a prevenir emergencias médicas, sino que proporcionan un espacio seguro para los que puedan enfrentarse a situaciones adversas debido al consumo de drogas.

Por ejemplo, KosmiCare,* en el Boom Festival, o Zendo Project,** en el Burning Man, proporcionan un entorno seguro para que los asistentes que están teniendo experiencias psicodélicas complicadas

* ONG portuguesa de reducción de riesgos y daños, famosa por ofertar servicios de cuidado de experiencias difíciles para aquellas personas que estén teniendo un «mal viaje» en un festival de música.

** ONG estadounidense que hace algo muy parecido a Kosmicare.

—conocidas popularmente como «malos viajes»— puedan recibir apoyo y cuidados. Esta intervención no solo ayuda a los festivaleros a superar sus experiencias difíciles, sino que también educa a la comunidad sobre los riesgos y la importancia de las prácticas seguras en el consumo de drogas.

En un mundo donde el consumo de sustancias legales e ilegales es una realidad independientemente de lo que se intente desde el ámbito legal, educativo y sanitario, estas aproximaciones no solo son pragmáticas y realistas, sino necesarias para alcanzar una sociedad más saludable y segura. Las personas que consumen drogas en espacios de ocio no lo hacen con el objetivo de dañar su salud, sino buscando un efecto, y los daños muchas veces son un efecto colateral derivado de una falta de información y estrategias. Cuando se les proporciona esta información, la mayoría la utilizan en beneficio de su salud.

En el caso que hemos visto al inicio del capítulo, María y sus amigos terminaron la noche con una nueva perspectiva sobre el consumo de drogas y la importancia de estar informados y preparados. Su experiencia con la MDMA y el alcohol le dio una lección a todo el grupo de cómo disfrutar de forma más segura, consciente y responsable. La implementación de estrategias de RdR y RdD en festivales y otros entornos recreativos es crucial para minimizar los efectos negativos del consumo de drogas allí donde más se produce, y eso protege tanto a los individuos como a la comunidad en general.

En definitiva, la reducción de riesgos y la reducción de daños son estrategias fundamentales para cuidar la salud y la seguridad de quienes deciden consumir drogas, ya sean legales o ilegales. No buscan fomentar el consumo, sino informar y proteger a las personas mediante medidas prácticas y de contención, mostrando que existe un camino intermedio entre la abstinencia y el consumo problemático, mediante al cual se puede minimizar los impactos negativos que estas sustancias pueden tener en quienes las consumen sin renunciar necesariamente a sus efectos buscados, aunque la única forma garantizada de evitar totalmente estos riesgos sea siempre la abstinencia.

Después de hablar tanto de riesgos, daños, RdR y RdD, vamos a completar el balance de usos y riesgos de las drogas: sus utilidades terapéuticas y en otros campos.

3

¿Pueden ser útiles? ¿Tienen usos medicinales?

A muchas personas les sorprende saber que casi todas las drogas psicoactivas, incluidas las ilegales, han tenido o podrían tener un uso médico. Pueden servir para tratar ciertas enfermedades, facilitar el descanso o aliviar el dolor cuando no hay otras alternativas, y cada día se descubren nuevos posibles beneficios. Eso no significa que sean siempre la mejor opción o que no conlleven riesgos; más bien, bajo supervisión médica, su empleo puede resultar positivo si los beneficios superan los peligros, por lo que deberían estar disponibles para uso clínico.

No hace tanto, un buen número de drogas que hoy vemos como ilegales se vendían libremente en farmacias para diversas dolencias: la heroína de Bayer para la tos, cocaína para el dolor de muelas, GHB para dormir, opio y láudano para el dolor, cannabis para relajarse, anfetaminas para estudiar o adelgazar, o barbitúricos contra la ansiedad. Muchas de estas sustancias siguen en uso médico, aunque con otros nombres: en los hospitales la heroína se llama diamorfina, el GHB es oxibato de sodio (Xyrem®), la metanfetamina se conoce como Desoxyn®, y la anfetamina, como Adderall® (o lisdexanfetamina, Elvanse®, en Europa).

Con el paso del tiempo, suelen surgir nuevos tratamientos que reemplazan a los anteriores, a veces porque son más eficaces o seguros y otras porque resultan más rentables. Hay que recordar que las drogas psicoactivas no están exentas de riesgos, que a menudo son mayores que los de otras alternativas. Por lo general, se recurre a ellas en medicina cuando los beneficios compensan las desventajas y no hay otros remedios igual de eficaces. Este equilibrio cambia cuando se trata de una persona sana que las consume con fines recreativos, pues la sociedad suele ver esos riesgos como más altos que los posibles beneficios, razón por la que a menudo se ilegalizan dichos usos.

Usos médicos de las distintas drogas

Veamos los principales usos médicos pasados, presentes y futuros de los diferentes tipos de drogas psicoactivas, así como sus efectos y riesgos generales.

Drogas estimulantes

A lo largo de la historia se han usado estimulantes naturales como el café o la hoja de coca* para mantenerse alerta y facilitar el trabajo físico. En medicina, la anfetamina se ha utilizado para tratar el asma por su efecto broncodilatador, subir el ánimo a las personas deprimidas y perder peso mediante la reducción del apetito y el aumento del gasto metabólico del cuerpo. Otro estimulante, la cocaína, se empleaba como anestésico local para la cirugía bucal u ocular.

En la actualidad, la anfetamina, el metilfenidato, el modafinilo, la lisdexanfetamina e incluso la metanfetamina se utilizan para el

* La hoja de coca contiene cocaína en pequeñas cantidades. Se puede mascar para obtener un efecto estimulante o procesarla químicamente para extraer la cocaína pura.

tratamiento del trastorno por déficit de atención e hiperactividad (TDAH) y la narcolepsia. Otros estimulantes, como la pseudoefedrina, se usan como anticongestivos o para contrarrestar la fatiga que producen ciertos fármacos antigripales y los procesos infecciosos.

El futuro de los estimulantes en medicina parece muy prometedor si tenemos en cuenta el aumento del TDAH en la sociedad y el interés por mejorar el rendimiento cognitivo. En este sentido, se buscan sustancias más específicas con menos potencial adictivo y que no impacten tanto a nivel cardiovascular.

Drogas depresoras

A lo largo de la historia se han utilizado sustancias como el alcohol para producir desinhibición social, relajación o facilitar el sueño. En medicina, se empleaban y siguen usándose para inducir el sueño, reducir la ansiedad y los malestares psicológicos, calmar el dolor o tratar la epilepsia. También pueden utilizarse como para sustituir las drogas opioides o depresoras más tóxicas, como la heroína o el alcohol.

El reto futuro en este campo es crear depresores que generen menos adicción, con una menor toxicidad y un mayor margen de seguridad. Una mejora en este sentido ya se dio cuando las benzodiacepinas desplazaron a los peligrosos barbitúricos en los botiquines domésticos, pero estas siguen presentando problemas, fundamentalmente cuando se usan de forma crónica. España es un buen ejemplo del abuso de estas sustancias.

Drogas opioides

Estas sustancias, como el opio y todos sus componentes (morfina, codeína...), se usan desde hace milenios para tratar el dolor, pero también como antitusivo, antidiarreico y relajante. En la actualidad, se siguen utilizando moléculas opioides para estos fines, aunque gran parte de ellas son versiones sintéticas de mayor potencia (como el fentanilo) o con efectos más específicos.

El gran reto al que nos enfrentamos es desarrollar moléculas más selectivas que consigan los efectos analgésicos, antitusivos y antidiarreicos de los opioides actuales, pero sin su enorme potencial adictivo. Pese a lo adictivas que pueden llegar a ser en la actualidad, son muy necesarias en medicina y de momento no se ha encontrado un sustituto tan eficaz para gestionar el dolor.

Drogas cannabinoides

Su uso medicinal ha sido una constante desde tiempos remotos hasta la prohibición moderna de la planta y la mayoría de sus aplicaciones. De forma tradicional, el cannabis y sus extractos se utilizaban en diversas culturas para aliviar el dolor y como sedante, pero esta planta ha tenido muchas aplicaciones.

Con el avance de la investigación científica, de un tiempo a esta parte la *Cannabis sativa* vuelve a estar de moda en la literatura médica. Los cannabinoides como el THC están siendo muy investigados y cada vez más reconocidos por sus propiedades terapéuticas en el tratamiento de enfermedades crónicas, como la esclerosis múltiple y ciertos tipos de epilepsia, así como en la gestión del dolor, la inflamación y los efectos secundarios de la quimioterapia, de manera que pueden potenciar algunas terapias contra el cáncer o las enfermedades neurodegenerativas. Algunos cannabinoides aislados, como el CBD, se investigan como ansiolíticos o antipsicóticos.

Si miramos hacia el futuro, la investigación genética y farmacológica promete el desarrollo de terapias cannabinoides más específicas y personalizadas. Estos avances podrían permitir la manipulación precisa de sistemas endocannabinoides para tratar una variedad aún más amplia de condiciones: su uso como inmunomodulador o en el tratamiento del cáncer optimizará su eficacia y minimizará sus efectos secundarios.

Drogas empatógenas/entactógenas (semipsicodélicas)

Originariamente sintetizada en 1912 por la farmacéutica alemana Merck, hasta décadas después la MDMA no fue popularizada por sus efectos psicoactivos. En los setenta y ochenta del siglo pasado, comenzó a usarse de forma discreta para facilitar la comunicación y reducir las barreras, los bloqueos y las inhibiciones durante las sesiones de psicoterapia. Sin embargo, durante la década de 1980, se clasificó como sustancia controlada y se restringió su uso médico en muchos países. En los últimos años, su resurgimiento en la investigación ha demostrado la eficacia potencial que tiene en el tratamiento del TEPT. Se ha observado que la MDMA puede mejorar los resultados de la terapia al potenciar la empatía y disminuir el miedo. Su uso se aprobó en Australia en 2023 y está en proceso de autorizarse en Estados Unidos.

De cara al futuro, se confía en que la psicoterapia asistida con MDMA para el tratamiento del TEPT se autorice en la Unión Europea y en más países, y que se investigue su uso para facilitar la sociabilidad en personas con trastornos del espectro autista, el tratamiento de adicciones basadas en traumas o terapias por conflictos de pareja.

Drogas disociativas (semipsicodélicas)

Originariamente desarrolladas como anestésicos a mediados del siglo XX, siempre han tenido uso en la medicina. La PCP y la ketamina mostraron propiedades disociativas que alteraban la percepción, la consciencia y la experiencia del dolor. A pesar de sus efectos secundarios, su capacidad para proporcionar anestesia con menor riesgo de depresión respiratoria la convirtió en un valioso anestésico, en especial en situaciones extrahospitalarias y entre los pacientes pediátricos. En la actualidad, además de utilizarse como anestésico y analgésico, se ha autorizado el uso de la ketamina (y el de su enantiómero, la esketamina) para tratar la depresión resistente a las terapias convencionales, y en algunos pacientes se ha conseguido una reducción rápida de los síntomas.

De cara al futuro, la investigación se centrará en los derivados de la ketamina y de otras drogas disociativas que mantengan sus beneficios terapéuticos, pero que produzcan menos efectos secundarios disociativos o adicción. La exploración de estos compuestos seguirá transformando el campo de la anestesia y el tratamiento de los trastornos neuropsiquiátricos, lo que ofrecerá nuevas opciones a los pacientes que no respondan a las terapias estándar.

Drogas psicodélicas

Se han utilizado desde hace milenios en contextos espirituales y terapéuticos. Luego fueron objeto de estudio científico en Occidente, en los años cincuenta y sesenta, para tratar diversos trastornos, como el alcoholismo, la depresión, la ansiedad por diagnosis terminal y el dolor crónico. Sin embargo, las restricciones legales que se impusieron en las décadas siguientes limitaron su investigación.

Como veremos en profundidad en este libro, en la actualidad, revitalizadas por estudios modernos en lo que conocemos como el renacimiento psicodélico, estas sustancias muestran un gran potencial para tratar trastornos resistentes a las terapias convencionales, como la depresión mayor, el TEPT, las adicciones y la ansiedad asociada a enfermedades terminales o el tratamiento de condiciones neurológicas como las cefaleas en racimo. Tanto es así que algunas de estas sustancias, como la psilocibina, ya se han autorizado para tratar la depresión en países como Australia, y se espera que muy pronto le sigan otras muchas regiones.

Se cree que, en el futuro, la investigación avanzará para comprender mejor la farmacología, la neurociencia y las posibles utilidades terapéuticas de estas drogas y continuará su incorporación a la práctica clínica convencional para tratar varios trastornos psicológicos, siempre bajo protocolos controlados y con acompañamiento terapéutico. Algunas líneas prometedoras son el estudio para frenar el avance de enfermedades neurodegenerativas como el alzhéimer o el párkinson, basándose en su potencial para inducir la neuroplasticidad.

En conclusión, el uso de drogas psicoactivas para tratar diversos trastornos y enfermedades es muy antiguo. Nunca ha dejado de existir, pese a suponer algunos riesgos que, como en cualquier fármaco, conviene tener presentes y mitigar. Sin embargo, gracias a los avances de la ciencia, empezamos a descubrir cuán valiosas pueden ser las drogas en la medicina del futuro.

SEGUNDA PARTE

La revolución de las drogas psicodélicas

4

¿Qué es el renacimiento psicodélico y de dónde viene?

La historia de los psicodélicos es muy rica y extensa. Las formas naturales de estas sustancias —setas con psilocibina, cactus con mescalina, plantas con DMT...— han acompañado a la humanidad desde tiempos inmemoriales. De hecho, esta relación se remonta miles de años atrás, cuando las civilizaciones antiguas las utilizaban en rituales religiosos, ceremonias de sanación y prácticas chamánicas. Por eso es objeto de muchos libros especializados.

A lo largo de este capítulo repasaremos brevemente la historia del redescubrimiento en la sociedad occidental de estas sustancias a mediados del siglo XX y el auge de investigaciones científicas que prometían revolucionar la psicoterapia y la neurociencia. Este resurgimiento no estuvo exento de controversia y se enfrentó a una rápida caída en desgracia, cuando la prohibición generalizada cerró prematuramente las puertas de lo que podría haber sido uno de los avances más importantes de la medicina moderna. Las sustancias psicodélicas, olvidadas durante siglos, habían vuelto a reintroducirse en una medicina y sociedad occidentales todavía poco preparadas, solo para ser prohibidas poco después en un esfuerzo por frenar su uso descontrolado.

Aunque ese campo se pausó durante décadas, hoy somos testigos del resurgir de la investigación psicodélica, que busca recuperar y ampliar todo lo que quedó pendiente en aquellos primeros días de experimentación y descubrimiento, un verdadero renacimiento psicodélico que ya está revolucionando varios campos en la actualidad.

Orígenes ancestrales: las raíces milenarias del uso psicodélico

El uso de plantas y hongos psicodélicos es un fenómeno muy antiguo. Incluso se ha llegado a hipotetizar que su consumo como parte de la dieta de los primeros homínidos pudiese acelerar la evolución cerebral y cognitiva al incrementar la neuroplasticidad cerebral y permitir que surgieran formas de pensamiento más abstracto en lo que se conoce como la hipótesis del mono drogado (*Stoned ape theory*).

Lo que sí que sabemos a ciencia cierta es que, desde tiempos prehistóricos, muchas culturas han empleado plantas como el cactus peyote, los hongos psilocibios, las daturas y otras sustancias con efectos alucinógenos buscando entrar en contacto con el mundo espiritual, sanar, adivinar el futuro o en diversos rituales comunitarios.

En los pueblos indígenas de América, los chamanes ingerían estas sustancias en rituales sagrados para comunicarse con los espíritus, buscar orientación divina o sanar enfermedades físicas y emocionales. Por ejemplo, el cactus peyote, rico en mescalina, ha sido utilizado durante siglos por los pueblos nativos de México y el suroeste de Estados Unidos, mientras que, en la cuenca amazónica, la ayahuasca —un brebaje que contiene DMT— viene siendo una parte esencial de los rituales de sanación y conexión con los espíritus.

En Mesoamérica, los hongos psilocibios eran considerados sagrados por los mayas y los aztecas, que los llamaban *teonanácatl*, «carne de los dioses». Su uso estaba relacionado con ceremonias religiosas en las que los sacerdotes los ingerían para entrar en trance y comunicarse con sus deidades. Estas experiencias psicodélicas, lejos de verse como recreativas, eran veneradas como actos de profunda comunión espiritual.

Asimismo, en la Europa anterior a la Edad Media existían diversos usos de plantas y hongos psicodélicos relacionados con la religión y la medicina que, al final, serían considerados brujería y perseguidos desde la Edad Media. Por ejemplo, en la antigua Grecia se conmemoraban los misterios eleusinos, rituales religiosos secretos celebrados en la ciudad de Eleusis, cerca de Atenas, en honor a Deméter, diosa de la agricultura, y su hija Perséfone, asociada al ciclo de la vida, la muerte y el renacimiento. En estos misterios, que se practicaron durante casi dos mil años —desde el siglo XV a. C. hasta el IV d. C.—, se ingería ciceón (*kykeon*), un brebaje que contenía varias plantas y hongos, algunos de ellos psicoactivos, lo que permitía a los iniciados entrar en trance o vivir revelaciones.

Sin embargo, la colonización y la expansión de las religiones monoteístas en Occidente marcaron el declive del uso de estas sustancias en muchas partes del mundo. La influencia del cristianismo, que consideraba estas prácticas herejía y brujería, contribuyó a la supresión de los rituales chamánicos y al eventual olvido de los psicodélicos en la cultura occidental y allá donde esta se expandió. Durante siglos, estas sustancias sagradas quedaron relegadas a regiones recónditas o a un uso oculto en un momento en que la ciencia moderna empezaba a emerger.

El primer renacimiento psicodélico en Occidente

El interés de la ciencia occidental por las sustancias psicodélicas se despertó de nuevo a finales del siglo XIX y principios del XX, cuando un pequeño grupo de científicos y exploradores comenzó a documentar sus efectos. En 1897, Arthur Heffter, farmacólogo alemán, había logrado aislar por primera vez la mescalina, el compuesto activo de los cactus peyote (*Lophophora williamsii*) y de San Pedro (*Echinopsis pachanoi*).

La mescalina fue la primera sustancia psicodélica en entrar en el campo de la ciencia occidental, y rápidamente se convirtió en objeto de interés para investigadores y médicos. Más allá del propio Heffter, Weir Mitchell, un renombrado neurólogo estadounidense, y el psicólogo inglés Havelock Ellis fueron de los primeros en experimentar con el cactus peyote y la mescalina. Aunque sus escritos despertaron cierto interés, los avances en el estudio de los psicodélicos se dieron de manera muy lenta y anecdótica.

Uno de los primeros estudios exhaustivos sobre los efectos de los psicodélicos fue el realizado por Heinrich Klüver, un psicólogo germano-americano que en 1928 publicó *Mescal and Mechanisms of Hallucinations* («El mezcal y los mecanismos de las alucinaciones»). En él intentó vincular las experiencias subjetivas de la mescalina con los posibles mecanismos neurológicos y proponer su uso para explorar el inconsciente. Sus investigaciones sentaron las bases para que otros científicos comenzaran a explorar a fondo las aplicaciones terapéuticas de estas sustancias.

Figura 21. El cactus de San Pedro (*Echinopsis pachanoi*) está muy extendido por el mundo y contiene mescalina. Puede tomarse en forma de puré (*wachuma*) o polvo secado. Fuente: Shutterstock / Pompaem Gogh.

En esos años también se sintetizaron, aislaron y describieron otras muchas sustancias psicodélicas presentes en la naturaleza —como la N,N-dimetiltriptamina (DMT, por el alemán Richard H. F. Manske en 1931) y la 5-metoxi-N,N-dimetiltriptamina (5-MeO-DMT, por los japoneses Toshio Hoshino y Kenya Shimodaira en 1936, entre otras)—, aunque en ese momento no captaron la atención de nadie. A pesar del creciente interés, fue necesario esperar hasta la década de 1940 para que las sustancias psicodélicas comenzaran a interesar a la comunidad científica a gran escala. El catalizador de este nuevo impulso fue el descubrimiento accidental de una molécula que cambiaría el curso de la historia: la dietilamida del ácido lisérgico, más conocida como LSD.

Albert Hofmann y el nacimiento del LSD: una revelación accidental

El hito que marcaría el inicio del renacimiento psicodélico se produjo en un tranquilo laboratorio de Basilea, Suiza, donde el químico Albert Hofmann trabajaba para la farmacéutica Sandoz. En 1938, mientras investigaba los efectos de diversos derivados de la ergotamina —un compuesto encontrado en el hongo parásito *Claviceps purpurea* (conocido como «cornezuelo del centeno» o «ergot»)—, sintetizó la molécula número 25 de su serie experimental, llamada «dietilamida del ácido lisérgico» o LSD-25.

Sin embargo, los experimentos iniciales en animales con esta nueva molécula no mostraron resultados significativos, por lo que la sustancia se archivó. Cinco años después, el 16 de abril de 1943, siguiendo una corazonada todavía inexplicable, Hofmann decidió volver a sintetizar y examinar el LSD-25. Y entonces ocurrió algo inesperado mientras trabajaba en el laboratorio: sintió mareos, inquietud y le inundaron la mente imágenes caleidoscópicas cuyo origen no supo explicar y describió de esta manera:

> Me vi obligado a interrumpir mi trabajo en el laboratorio a media tarde y regresar a casa, afectado por una notable inquietud, combinada con un ligero mareo. En casa me acosté y me hundí en un estado de embriaguez nada desagradable, caracterizado por una imaginación extremadamente estimulada. En un estado de ensueño, con los ojos cerrados (la luz del día me resultaba desagradablemente deslumbrante), percibí un flujo ininterrumpido de imágenes fantásticas, formas extraordinarias con un juego de colores intenso y caleidoscópico. Después de unas dos horas, esta condición se desvaneció.[12]

Intrigado por lo que había vivido, y sospechando que pudiera haber ingerido de forma accidental el compuesto con el que estaba trabajando, tres días después decidió realizar un experimento controlado sobre sí mismo: el 19 de abril de 1943 ingirió 250 microgramos (un cuarto de miligramo) de LSD-25, una cantidad prudente que en ese momento era insignificante para cualquier sustancia conocida, pero que resultó ser una dosis muy alta, dada la enorme potencia psicoactiva del LSD, desconocida hasta entonces. Los efectos aparecieron con rapidez: sintió que el mundo a su alrededor se deformaba, los colores se intensificaban y la percepción del tiempo se distorsionaba. Decidió volver a casa en bicicleta, acompañado por su asistente Susi Ramstein, mientras sus sentidos se agitaban en una danza de formas y colores. Ese día pasaría a la posteridad como Bicycle Day («día de la bicicleta»), el primer viaje de LSD de la historia, y que sigue conmemorándose cada año, como hablaremos en el capítulo 4. Al llegar a casa y calmarse, Hofmann escribió:

> Poco a poco pude comenzar a disfrutar de los colores y juegos de formas sin precedentes que persistían detrás de mis ojos cerrados. Imágenes caleidoscópicas y fantásticas surgieron en mí, se alternaban, abigarradas, se abrían y luego se cerraban en círculos y espirales, explotaban en fuentes de colores, se reorganizaban y se hibridaban en constante flujo.
>
> Me desperté a la mañana siguiente refrescado, con la cabeza despejada, aunque todavía algo cansado físicamente. Me invadió una sensación de bienestar y de vida renovada que fluía en mí. El desayuno me supo delicioso y me proporcionó un placer extraordinario. Cuando más tarde salí al jardín, hacía sol después de una lluvia de primavera, todo brillaba y centelleaba con una luz fresca. El mundo parecía recién creado. Todos mis sentidos vibraban en una condición de altísima sensibilidad que persistió durante todo el día.[13]

Al día siguiente, describió que se sintió renovado y lleno de vitalidad, como si hubiera renacido tras su experiencia psicodélica. Aunque al principio temía que el LSD fuera una toxina peligrosa, pronto se dio cuenta de que había descubierto algo más profundo: una sustancia con el poder de alterar la conciencia humana. El LSD había nacido y, con él, una nueva era en la ciencia y la exploración de la mente.

El impacto inicial de los psicodélicos en la ciencia y la psiquiatría

Tras el descubrimiento de Hofmann, Sandoz comenzó a investigar a fondo los posibles usos del LSD. En 1947, la empresa patentó la sustancia bajo el nombre de Delysid® y la distribuyó de forma gratuita a psiquiatras e investigadores de todo el mundo para que experimentaran con ella en entornos clínicos y le buscasen utilidad. Al principio se usó para estudiar sus efectos en pacientes con trastornos mentales como la esquizofrenia, y para que los psiquiatras pudiesen vivir algo que se creía parecido a lo que sentían sus pacientes con psicosis.

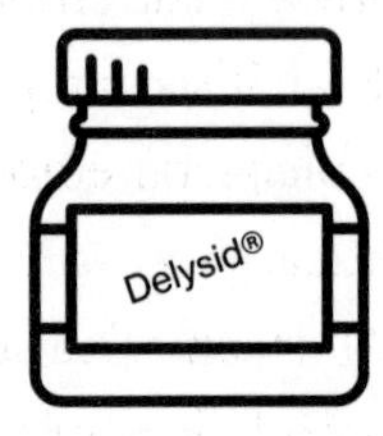

Figura 22. Representación de un frasco de Delysid® fuera de su caja. Tanto el LSD como la psilocibina fueron sustancias patentadas y comercializadas por la farmacéutica Sandoz. Fuente: Shutterstock / matsabe.

El estudio del LSD despertó el interés por otras triptaminas, una extensa familia de compuestos derivados del aminoácido L-triptófano entre las que se incluyen neurotransmisores endógenos presentes en el cerebro humano (serotonina o melatonina) y algunos compuestos psicodélicos (psilocibina, psilocina y dimetiltriptamina o DMT). De hecho, el hallazgo del LSD tuvo un gran impacto en el descubrimiento y la caracterización de la serotonina en 1948, además de alimentar un cambio del paradigma psicoanalítico imperante sobre el origen de los trastornos mentales hacia uno más basado en la neuroquímica, que sigue siendo el dominante en la actualidad.

El LSD se convirtió rápidamente en una valiosa herramienta en los círculos psiquiátricos. Como la psiquiatría del momento estaba dominada por las teorías psicoanalíticas de Sigmund Freud, que enfatizaban la importancia del inconsciente en la formación de la personalidad y los trastornos mentales, muchos terapeutas comenzaron a utilizar el LSD como una forma de acceder a las profundidades del inconsciente, facilitando que los pacientes revivieran traumas reprimidos y exploraran aspectos ocultos de su psique.

Uno de los primeros usos terapéuticos del LSD en Europa fue en la bautizada como «psicoterapia psicolítica», que consistía en administrar dosis bajas de LSD durante las sesiones de terapia psicoanalítica. Los psiquiatras creían que esa sustancia ayudaba a los pacientes a relajarse y a abrirse a sus emociones más profundas, lo que facilitaba el proceso de análisis. En muchos casos, estos informaban de una mejora en su bienestar emocional tras varias sesiones de esta psicoterapia psicolítica.

De forma paralela, en Norteamérica surgió otro enfoque conocido como «psicoterapia psicodélica» que implicaba el uso de dosis mucho más altas de LSD para inducir experiencias transformadoras e incluso místicas. Este enfoque fue desarrollado sobre todo en Canadá por los psiquiatras Humphry Osmond y Abram Hoffer, quienes se dieron cuenta de que el LSD a dosis altas tenía un impacto profundo en la mente de los pacientes alcohólicos. En lugar de producir experiencias desagradables que los disuadieran de beber, como al principio sugerían, provocaba experiencias que describían como reveladoras y transformadoras, y que en muchos casos resultaban en el abandono de la bebida.

De hecho, el propio Bill Wilson, fundador de Alcohólicos Anónimos, vivió experiencias psicodélicas que fueron muy reveladoras y beneficiosas en su proceso de abandono del alcohol, y quiso incluirlas en el programa de doce pasos que siguen las personas con alcoholismo cuando entran en la organización, sobre todo porque entendía que tenían el potencial de inducir una conexión espiritual profunda, lo que consideraba esencial para la recuperación. Pero esta idea no fue bien recibida por otros miembros de Alcohólicos Anónimos, que entendían que incluir sustancias en un proceso de desintoxicación y deshabituación de otra como el alcohol era, cuando menos, contradictorio.

¿Cómo funciona?

Como ahondaremos en el capítulo 5, la psicoterapia asistida por psicodélicos es un modelo de tratamiento en el que se administra esta sustancia en un contexto terapéutico controlado bajo supervisión directa de profesionales y como parte de una psicoterapia más amplia. Dado que los psicodélicos clásicos son muy seguros a nivel fisiológico pero tienen riesgos en el plano psicológico, solo se administran a aquellos pacientes que ya han intentado otros tratamientos sin éxito, que hayan pasado por un proceso de cribado psicológico para descartar trastornos psiquiátricos latentes, como psicosis o bipolaridad, y que se sometan a unas sesiones de preparación psicológica previa a la experiencia psicodélica.

Durante la sesión, la persona está con los ojos cerrados, se le ponen cascos con una lista de música seleccionada para inducir diferentes emociones, y en todo momento cuenta con la compañía y supervisión de un equipo de profesionales presentes en la sala. Cuando acaba, se hace un proceso psicoterapéutico de integración que es crucial para trabajar con todo el material que ha emergido durante la experiencia psicodélica. Lo importante de este modelo es que, a diferencia de los tratamientos actuales con antidepresivos o ansiolíticos, en los que el fármaco se toma a diario y enmascara los síntomas, en la PAP la sustancia solo se administra en una o dos sesiones a lo largo del tratamiento completo. Lo que se pretende es inducir una experiencia transformadora cuyos resultados terapéuticos se mantengan cuando termine la terapia, es decir, el psicodélico actuaría como un catalizador que facilitaría esa experiencia transformadora y duradera, y el acceso a la raíz del problema, lo que permitiría al terapeuta y al paciente trabajar después en él con mayor profundidad y eficacia, en las posteriores sesiones de integración.

Los resultados de la terapia psicodélica en el tratamiento del alcoholismo fueron sorprendentes. Muchos pacientes informaban que, tras una o dos sesiones con LSD, adquirían una nueva perspectiva sobre la vida y los problemas, lo que les ayudaba a dejar el alcohol. Este éxito inicial despertó un gran interés entre la comunidad científica, y pronto se realizaron más estudios sobre el uso del LSD para tratar otros trastornos mentales como la depresión y la ansiedad con excelentes resultados.

Tanto es así que los psiquiatras Duncan Blewett y Nicholas Chwelos, con la ayuda de Al Hubbard y Humphry Osmond, publicaron el *Manual para el uso terapéutico del LSD*, considerado una de las mejores guías para el uso clínico de esta sustancia. El propio Blewett estaba tan convencido de que su enfoque funcionaba por encima de cualquier otro tratamiento que llegó a afirmar que la psicoterapia con LSD producía mejores resultados en una sola tarde que varios años de terapia convencional.

Algunas personalidades de la época tuvieron la oportunidad de acceder a estos nuevos tratamientos de psicoterapia psicodélica y obtuvieron resultados muy positivos, como la esposa del entonces senador estadounidense Robert Kennedy (que una década más tarde defendería el potencial médico del LSD en el Senado ante su inminente prohibición) o el del famoso actor americano Cary Grant que, a pesar de su éxito profesional, estaba lidiando con conflictos internos relacionados con la infancia y problemas emocionales. Según sus propias palabras, las sesiones le ayudaron a acceder a aspectos profundos de su psique y le facilitaron la entrada a un proceso de catarsis emocional que le permitió trabajar sus problemas de manera mucho más directa. En varias entrevistas, Grant habló públicamente de sus experiencias con el LSD y de cómo la terapia le ayudó a ser más feliz y a estar en paz consigo mismo. Dijo que esta sustancia le permitía acceder a su verdadero yo, confrontar aspectos reprimidos de su personalidad y sentirse renacido después de la experiencia. Fue uno de los primeros y más famosos defensores de las terapias con psicodélicos, lo que ayudó a que el tema se visibilizase en los medios.

En 1955, el banquero y micólogo neoyorquino Robert Gordon Wasson, junto con su esposa Valentina, pediatra e investigadora, viajaron a México motivados por un artículo del etnobotánico Richard Evans Schultes. Su objetivo era participar en un ritual mazateco con setas *Psilocybe cubensis*, guiados por la curandera María Sabina. A su regreso en 1957, publicó un artículo en la revista *Life* titulado «En busca del hongo mágico»,[14] lo que ayudó a popularizar esta sustancia en Occidente.

Durante ese viaje, también acompañaron al micólogo francés Roger Heim, quien tomó muestras de las setas para cultivarlas en Francia y enviarlas al químico Albert Hofmann, pues sospechaba que podían contener un compuesto similar al LSD. Este, tras experimentar con las setas, aisló, sintetizó y describió los principios activos principales: psilocibina y psilocina. Estas sustancias, ambas triptaminas psicodélicas, resultaron ser muy similares al LSD en su estructura y efectos, aunque menos potentes y con una duración distinta. La farmacéutica Sandoz, en la que trabajaba, comenzó a comercializar la psilocibina bajo el nombre de Indocybin® con usos médicos similares al LSD.

Sin embargo, estas sustancias no solo estaban despertando el interés de la comunidad científica y médica, sino también de otros ámbitos, como la CIA. Entre los años cincuenta y los setenta, la agencia llevó a cabo un proyecto militar secreto llamado MK-Ultra, un programa que se centraba en la experimentación humana con el objetivo de desarrollar técnicas para el control mental, el lavado de cerebro y el uso de sustancias en interrogatorios o tortura. En el marco de este proyecto, se realizaron experimentos con psicodélicos, entre otras sustancias, tanto en voluntarios como en personas que no dieron su consentimiento. Por desgracia, algunos provocaron situaciones trágicas, al igual que otras que empezaban a darse fuera del laboratorio por su uso descontrolado.

La popularización de los psicodélicos en Occidente: ciencia, arte y contracultura

A medida que el LSD, la psilocibina y otros psicodélicos ganaban popularidad entre la comunidad científica y médica, estas sustancias comenzaron a salir de los laboratorios y hospitales para infiltrarse en la cultura popular. El influyente escritor inglés Aldous Huxley fue uno de los primeros en experimentar con la mescalina, el alucinógeno derivado del cactus peyote. En 1954 publicó su famoso ensayo *Las puertas de la percepción*, en el que relata que la mescalina le permitió ver el mundo de una manera nueva, sin las limitaciones impuestas por la percepción ordinaria. Su obra se convirtió en un éxito entre artistas, intelectuales y jóvenes en busca de nuevas formas de entender la realidad.

Estas sustancias estuvieron muy relacionadas con los movimientos contraculturales juveniles e influidos por artistas y escritores de la generación *beat*, como William Burroughs, Allen Ginsberg y muchos otros que comenzaban a experimentar con el LSD. En la década de 1960, figuras como el escritor Ken Kesey (que había sido voluntario en el proyecto MK-Ultra) y su grupo de seguidores, conocidos como The Merry Pranksters, comenzaron a organizar eventos llamados *acid-tests*, en los que distribuían LSD a los asistentes para que experimentaran en un entorno lleno de música, luces y creatividad. Estos eventos ayudaron a popularizar el LSD entre la juventud de la época, especialmente en el creciente movimiento hippy. La contracultura de los años sesenta, caracterizada por su rechazo a las estructuras tradicionales de poder y su búsqueda de nuevas formas de vida, abrazó estas sustancias como una forma de romper con las convenciones sociales y explorar nuevas dimensiones de la conciencia.

Uno de los más fervientes defensores de los psicodélicos para estos usos fue Timothy Leary, psicólogo y profesor de Harvard que, tras experimentar con la psilocibina, se convenció de que esas sustancias tenían el poder de transformar la sociedad. Llegó a decir que había aprendido más psicología en cuatro horas de experiencia psicodélica con setas que en quince años estudiándola. Tras ser expulsado de Harvard por la creciente controversia en torno a sus ensayos (en concreto con psilocibina y LSD), estableció una comunidad psicodélica en una mansión de Millbrook, Nueva York. No solo era un refugio para la experimentación con estas sustancias, sino también un lugar donde se debatían nuevas ideas sobre la conciencia, la espiritualidad y la libertad personal. Por allí pasaron muchas personalidades de diversos ámbitos, incluida Mary Pinchot (la amante del presidente John F. Kennedy) que, junto con Leary, tenía el plan de iniciar en el uso de psicodélicos a diferentes personalidades de la política y así rebajar la tensión bélica de la Guerra Fría. Siempre se ha especulado con la posibilidad de que JF Kennedy llegase a tener un viaje de LSD o psilocibina de la mano de Pinchot.

Leary creía que esta sustancia podía librar a las personas de los condicionamientos sociales y abrir las puertas a una nueva era de paz y amor. Su famoso lema «*Turn on, tune in, drop out*» animaba a los jóvenes a encender la conciencia, sintonizar con su verdadero ser y abandonar las limitaciones impuestas por la sociedad moderna, lo que se interpretaba como una invitación a dejar los estudios y revelarse contra la sociedad. Su mensaje resonó entre miles de jóvenes que se sentían alienados por la cultura dominante y buscaban nuevas formas de vida auténticas y espirituales. Sin embargo, la creciente popularidad del LSD fuera de los laboratorios y clínicas también estaba provocando problemas, además de preocupación, entre las autoridades y los sectores más conservadores de la sociedad.

En aquellos años estaba cada vez más claro que los psicodélicos podían potenciar la creatividad, algo que se exploró en el ámbito de la ciencia y la tecnología. Investigadores como James Fadiman y Myron J. Stolaroff realizaron una serie de experimentos en los que usaron dosis medias o bajas de estas sustancias para ayudar a desbloquear ideas o resolver problemas técnicos a ingenieros y arquitectos. Muy pronto el uso de psicodélicos como catalizador de la creatividad y el rendimiento ganó defensores en diversos campos, y esta tendencia ha seguido hasta hoy.

Desde entonces y en los siguientes años, reconocidas figuras del mundo empresarial, científico y artístico empezaron a sentirse atraídas por el potencial creativo de los psicodélicos. Steve Jobs, fundador de Apple, hablaba abiertamente de que el LSD en aquellos años había influido positivamente en su visión. Lo mismo sucedía en el campo de la ciencia con personalidades como Francis Crick, que ganó el Premio Nobel de Medicina por descubrir la estructura del ADN, o Kary Mullis, a quien le dieron el Nobel de Química por desarrollar la técnica de la PCR, clave para la biología moderna, y que siempre atribuyó a sus viajes psicodélicos. Grandes mentes como Richard Feynman (Nobel de Física), Michel Foucault y Oliver Sacks reconocieron los efectos inspiradores de estas sustancias.

Otro acontecimiento clave en la historia de los psicodélicos de esa década fue la síntesis de la ketamina, llevada a cabo por el químico Calvin Lee Stevens, que trabajaba como consultor para la farmacéutica Parke-Davis (hoy forma parte de Pfizer). Consideró la ketamina una sustancia revolucionaria porque, tras realizar ensayos clínicos en prisioneros, demostró que era un anestésico más seguro que su predecesor, la fenciclidina o PCP, conocida como «polvo de ángel». Los efectos de la ketamina se controlaban mejor y tenían una duración menor, lo que hacía que su uso fuera más predecible y seguro. Al provocar un estado de desconexión que algunos comparaban con un sueño profundo, comenzó a categorizarse como una sustancia disociativa.

La Administración de Alimentos y Medicamentos de Estados Unidos (FDA, por sus siglas en inglés) aprobó la ketamina como anestésico, y desde entonces ha sido muy utilizada en el ámbito médico por su alta eficacia y seguridad. De hecho, está incluida en la lista de los medicamentos esenciales de la Organización Mundial de la Salud (OMS). Sin embargo, el interés por la ketamina no se limitó a su uso anestésico. Diversos investigadores comenzaron a estudiar los efectos disociativos y semipsicodélicos que producía y descubrieron que estos podrían tener aplicaciones tanto en el campo terapéutico como en el recreativo. Estos estudios abrieron la puerta a lo que hoy conocemos como «terapia con ketamina», un tipo de terapia psicodélica, para tratar trastornos como la depresión resistente, que ya está aprobada y está arrojando resultados prometedores en la actualidad.

El comienzo del fin

Desde mediados de la década de los sesenta, con el auge del movimiento pacifista contra la guerra de Vietnam, San Francisco se había convertido en un imán para miles de jóvenes de todo el país. Estos abrazaban no solo la contracultura, sino también el uso de sustancias psicodélicas de forma no controlada, lo que empezó a generar problemas. Las autoridades habían comenzado a ver el uso generalizado de psicodélicos como un asunto de orden público, debido a las implicaciones que tenía en el comportamiento diario de la gente y, sobre todo, por los profundos cambios en los valores sociales, políticos y culturales a los que estaba ligado.

El uso de estas sustancias, junto con el contexto de protesta contra la guerra y la lucha por los derechos civiles, alimentaba un espíritu de rebeldía. Las experiencias con psicodélicos fomentaban sentimientos de unidad y empatía, algo que conectaba con las ideas pacifistas de la época. Además, muchos jóvenes que se oponían a que los enviaran a Vietnam a solucionar un conflicto que consideraban injusto encontraban en los psicodélicos una forma de desafiar a la autoridad y al sistema establecido. Aunque no sería del todo correcto afirmar que estas sustancias eran responsables de esos cambios sociales, no hay duda de que estaban relacionadas con la contracultura de la época y su mensaje de rebeldía y transformación.

Por otra parte, comenzaron a aparecer informes sobre los posibles efectos adversos de los psicodélicos usados fuera del ámbito hospitalario y del laboratorio. Aunque estas sustancias eran bastante seguras en contextos controlados y la mayoría de los usuarios informaban de experiencias positivas y reveladoras, en ese contexto de descontrol hubo casos de malos viajes, psicosis inducida por drogas, accidentes, suicidios y otros efectos no deseados que en algunos casos fueron lo bastante graves como para abrir telediarios o salir en portadas de periódicos.

La prensa, antaño muy interesada en los psicodélicos, había empezado a proyectar una imagen muy negativa de ellos: relacionando su uso con suicidios, asesinatos, malformaciones y accidentes, y creando una narrativa del miedo. Las campañas disuasorias y las noticias sensacionalistas magnificaban la percepción social de los peligros de esas sustancias, lo que no hizo más que intensificar el pánico, en especial entre los sectores más conservadores y puritanos de Estados Unidos.

Todo este contexto alarmó a las autoridades. En octubre de 1966, el estado de California prohibió el uso del LSD en cualquier contexto. Para las autoridades, esto no solo mostraba su compromiso con la salud pública y el orden social, sino que les permitía ejercer un mayor control sobre los movimientos sociales que cuestionaban al Gobierno de la época. Sin embargo, la prohibición no hizo más que intensificar las tensiones: por todo Estados Unidos se multiplicaron las manifestaciones y los disturbios. Un claro ejemplo fue la protesta en el parque del Golden Gate de San Francisco, donde se reunieron veinte mil personas para consumir LSD como desafío a las nuevas leyes.

Pese a las restricciones, el uso recreativo de los psicodélicos no disminuyó, en especial en zonas como el barrio de Haight-Ashbury, en San Francisco, que en 1967 fue el epicentro del famoso Verano del Amor. Ese evento reflejó el auge del movimiento hippy y la creciente popularidad del uso de los psicodélicos, y en especial el LSD, fuera de los laboratorios y hospitales.

En este contexto, la farmacéutica Sandoz, que había patentado el Delysid® y seguía comercializando el LSD para uso médico y de investigación, decidió interrumpir su producción. Aunque en entornos clínicos la sustancia seguía mostrando buenos resultados, la creciente controversia social y la cobertura mediática negativa sobre su utilización lúdica y descontrolada dañaban la reputación de la compañía. Además, a pesar de que la mayoría de la comunidad médica y científica era muy crítica con el uso de psicodélicos fuera de hospitales y laboratorios, algunos investigadores con acceso a la sustancia decidieron promover su uso fuera del entorno científico, lo que agravó la situación y llevó a restricciones más amplias que afectaron también al ámbito médico e investigador.

En 1968, en medio de disturbios estudiantiles tanto en Europa como en Estados Unidos, el Gobierno federal prohibió el LSD en todo el territorio estadounidense, y en 1970 se incluyeron todos los psicodélicos en la Lista 1 de la Ley de Sustancias Controladas. El clima social de la época fue tal que Richard Nixon, presidente de Estados Unidos, calificó al defensor del LSD, Timothy Leary, como «el hombre más peligroso de América» y a las drogas, «el enemigo público número uno», lo que reflejaba el pánico que generaba el uso descontrolado de los psicodélicos en la sociedad. Después inició la War on Drugs («guerra contra las drogas»), una campaña global destinada a erradicar el uso de sustancias psicoactivas mediante la represión y la penalización.

La globalización de esta campaña no se hizo esperar: un año más tarde, en 1971, la Organización de las Naciones Unidas (ONU) aprobó el Convenio sobre sustancias psicotrópicas, que clasificó al LSD como una droga de Clase 1, la más restrictiva, lo que significa que tiene un «alto potencial de abuso y ningún valor médico reconocido». Esta decisión fue un golpe devastador para la investigación científica y la práctica clínica, ya que dificultó el acceso a la sustancia para fines científicos y terapéuticos. Muchos estudios clínicos sobre los psicodélicos, que seguían arrojando resultados prometedores en el tratamiento del alcoholismo, la depresión y la ansiedad en pacientes terminales, quedaron en suspenso o se cancelaron. Los laboratorios, los hospitales y las clínicas que habían estado tratando con estas sustancias se vieron obligados a cerrar sus puertas o a cambiar de terapia, y los psicodélicos, que hasta ese momento se habían considerado herramientas revolucionarias en la psiquiatría, se relegaron al ámbito de las drogas prohibidas.

Sin embargo, la prohibición no logró frenar su uso recreativo o terapéutico *underground*. De hecho, tanto el LSD como otros psicodélicos siguieron siendo ampliamente sintetizados y accesibles en el mercado negro, sin ningún control sobre su calidad o pureza, con el incremento de riesgos para la salud pública que eso ha supuesto.

El último grande en llegar: MDMA

En este contexto de inicio de la «guerra contra las drogas» en Estados Unidos, el bioquímico Alexander «Sasha» Shulgin, que había trabajado para Dow Chemical desarrollando con éxito el primer pesticida biodegradable de la historia y poseía un pequeño laboratorio en su casa en el que trabajaba como consultor independiente para la Agencia Antidrogas de Estados Unidos, decidió probar una molécula que llevaba tiempo investigando: la 3,4-MetilenDioxiMet-Anfetamina, más conocida por sus siglas, MDMA.

La MDMA había sido sintetizada por primera vez en 1912 por el químico alemán Anton Köllisch para la farmacéutica Merck, pero por aquel entonces no había despertado el interés farmacéutico, aunque se sospecha que pudo haber sido objeto de experimentación en la década de 1950 dentro del proyecto secreto MK-Ultra. Shulgin había oído hablar de esta sustancia a Merrie Kleinman, una de sus estudiantes.

Este, fascinado por los efectos de la MDMA tras probarla en 1976, publicó el primer estudio sobre ellos junto con el bioquímico David E. Nichols. Los describieron como una experiencia emocional intensa, similar a la que produce la marihuana o la psilocibina, pero sin alucinaciones. Convencido de su potencial terapéutico, Shulgin le mostró la MDMA al psicólogo Leo Zeff, quien, entusiasmado por el potencial terapéutico de esta molécula, interrumpió su jubilación para llevarla al campo de la psicoterapia, donde se empezó a utilizar durante las sesiones para tratar problemas como el TEPT, la depresión y las adicciones, gracias a su capacidad para generar empatía y facilitar la apertura e introspección emocional. Zeff la apodó «Adán» por su capacidad de devolver a las personas a un estado de inocencia primordial, como el de Adán y Eva en el Paraíso.

Aunque entre los círculos terapéuticos se la conocía con ese nombre, incluso como «empatía», la prensa popularizó la MDMA como «éxtasis», y la asociaba sobre todo a su uso recreativo, que empezaba a extenderse por la escena *rave* y el movimiento *new age* de los años ochenta. Tuvo un gran impacto artístico y social, llegando a influir en el surgimiento de la música electrónica e incluso en la reducción de la violencia de los grupos *hooligans* en el Reino Unido.[15] En España, la MDMA y su precursora, la MDA, se vincularon a la ruta del bakalao. Como ocurrió con otras sustancias psicodélicas, su uso descontrolado fuera de los contextos clínicos produjo algunos problemas, como golpes de calor o muertes por sobredosis, lo que también fue objeto del sensacionalismo mediático al presentar historias sobredimensionando su peligrosidad. Esto volvió a generar pánico, avivado por campañas que la demonizaban como una amenaza social y moral.

En 1985, la Administración para el Control de Drogas de Estados Unidos (DEA, por sus siglas en inglés) prohibió de urgencia la MDMA en el país, a pesar de que muchos terapeutas defendían su enorme valor para facilitar el acceso a emociones reprimidas y mejorar la comunicación en terapia. Sin embargo, no escucharon sus argumentos y la sustancia quedó prohibida tanto para uso clínico como *de facto* para la investigación por las severas restricciones impuestas. Ante el miedo a que estas herramientas terapéuticas cayesen en el olvido, «Saha» Shulgin y su esposa Ann decidieron publicar *PIHKAL. Una historia de amor químico*[16] (PIHKAL es el acrónimo en inglés de «feniletilaminas que conocí y amé»), libro donde relataban tanto los procesos de síntesis como sus experiencias personales con la MDMA y con otras ciento setenta y nueve drogas de la familia de las feniletilaminas,* algunas creadas por Shulgin.

La publicación de este libro enfureció a la DEA, que hizo una redada en el laboratorio de Shulgin y lo clausuró, además de quitarle la licencia para trabajar con drogas prohibidas.

Como respuesta, los Shulgin decidieron publicar *TIHKAL. La continuación*[17] (TIHKAL es el acrónimo en inglés de «triptaminas que conocí y amé»), donde relataban sus experiencias personales y los procesos de síntesis del LSD y de otras cincuenta y cinco drogas de la familia de las triptaminas,** algunas de las cuales habían sido creadas por Shulgin.

* Las feniletilaminas son una familia de compuestos orgánicos que incluyen neurotransmisores como la dopamina y drogas psicoactivas como la anfetamina, la MDMA y la mescalina.

** Las triptaminas son una familia de compuestos orgánicos que incluyen neurotransmisores como la serotonina y drogas psicoactivas como el LSD, la psilocibina y la DMT.

Consecuencias de la prohibición: un campo cerrado prematuramente

La prohibición del LSD y otras sustancias psicodélicas no consiguió que desaparecieran, pues siguieron disponibles en el mercado negro y se continuaron utilizando en el ámbito recreativo (donde son más peligrosas), pero supuso un duro golpe para la investigación científica y sus usos terapéuticos. Los psicodélicos pasaron de verse como poderosas herramientas de autoexploración y terapia a estigmatizarse como drogas peligrosas sin utilidad, asociadas con el desorden social y las enfermedades mentales.

A pesar de los esfuerzos de científicos y terapeutas por defender la investigación y el tratamiento con psicodélicos, la prohibición se mantuvo firme durante décadas. El LSD, que había mostrado su potencial para tratar trastornos mentales graves, quedó fuera del alcance de la medicina y se relegó al ámbito de las drogas prohibidas. Durante años, la investigación psicodélica se mantuvo en un estado de letargo, agravado por el miedo de los comités de ética a la hora de autorizar investigaciones y el desinterés de la industria farmacéutica, que prefirió centrarse en otros compuestos más rentables y controlables. Además, el endurecimiento de las reglas de investigación y desarrollo farmacéutico tras el desastre de la talidomida* supuso un notable encarecimiento de la investigación clínica y terminó por cercenar cualquier interés por seguir desarrollando sustancias psicodélicas.

Así podría haberse acabado la historia: los psicodélicos seguirían siendo otra familia más dentro de las drogas ilegales, supuestamen-

* El desastre de la talidomida fue una tragedia global en la que un fármaco utilizado para tratar las náuseas durante el embarazo causó malformaciones congénitas graves en miles de recién nacidos. Esto produjo un endurecimiento de las reglas para investigar nuevos medicamentos y provocó mucho miedo a desarrollar fármacos que pudiesen tener efectos secundarios.

te «con gran potencial de abuso y sin uso médico reconocido», como se recoge en los tratados de la ONU, una familia de sustancias marginal, condenada al olvido y solo al alcance de aventurados psiconautas y *raveros*, si no fuese por el empeño y la tenacidad de algunas personas y organizaciones que, pese a las dificultades legales impuestas, mantuvieron la convicción de que los psicodélicos tenían un enorme potencial y un lugar muy importante en la sociedad si se sabían utilizar y controlar.

Durante esas décadas de oscuridad, pequeños grupos de científicos y terapeutas siguieron trabajando de forma clandestina y buscaron maneras de retomar la investigación sobre los psicodélicos. Estos pioneros mantuvieron viva la esperanza de que, algún día, el potencial terapéutico de la psilocibina y otras sustancias psicodélicas sería reconocido. Además, surgieron organismos que querían sostener ese interés investigador, como la Asociación Multidisciplinaria para Estudios Psicodélicos (MAPS, por sus siglas en inglés), una organización científica sin ánimo de lucro fundada por Rick Doblin tras la prohibición de la MDMA en 1985.

El segundo (y actual) renacimiento psicodélico en Occidente

Pese a su abrupto final en las décadas anteriores, a partir de 1990, pero sobre todo desde la llegada del nuevo milenio, el campo de investigación de los psicodélicos fue despertando el interés científico de nuevo. Algunas cosas habían cambiado desde la prohibición internacional de estas sustancias en los setenta, y en ese momento volvía a ser una opción atractiva y factible.

El regreso del interés por los psicodélicos

A nivel social y político, los conflictos que tanto habían lastrado a esas sustancias al asociarlas con la contracultura, las protestas estudiantiles, los hippies y el movimiento por los derechos civiles y contra la guerra de Vietnam, ya formaban parte del pasado. Los problemas de salud mental para los que se habían estudiado con resultados prometedores —depresión, ansiedad, TEPT y adicciones— estaban alcanzando proporciones epidémicas a nivel mundial, y eso generaba una creciente necesidad de nuevos tratamientos y enfoques terapéuticos.

La psicofarmacología tradicional llevaba décadas estancada, las opciones de tratamiento —antidepresivos o ansiolíticos— no estaban siendo efectivas para todos los pacientes y se mostraban insuficientes para contener ese aumento de trastornos de salud mental, además de tener considerables efectos adversos. Ante esa realidad, los psicodélicos empezaron a postularse como una alternativa viable e innovadora. La posibilidad de tratar trastornos mentales complejos de forma rápida y duradera, con pocas sesiones controladas en vez de años de medicación diaria, tenía el potencial de abrir nuevos caminos a la psiquiatría.

Por otra parte, los avances en neurociencia de las últimas décadas habían facilitado una mejor comprensión de cómo funcionan los psicodélicos en el cerebro y de cuáles eran sus riesgos reales más allá de los mitos. Las nuevas técnicas de neuroimagen permitían a los investigadores observar los cambios cerebrales durante una experiencia psicodélica, lo que ayudaba a mejorar el entendimiento de sus mecanismos, su potencial clínico y la predictibilidad de sus efectos.

Uno de los factores más relevantes para el renacimiento fue la aparición de internet, que comenzó a masificarse en los años noventa. Gracias a foros, páginas web y redes emergentes, las experiencias y la información acerca del uso de psicodélicos en contextos *underground*, ceremoniales o de autoterapia empezaron a fluir con rapidez. Así surgieron comunidades virtuales de psiconautas y científicos aficionados que recopilaban anécdotas y conocimientos sobre estas sustancias.

De este modo, se fue visibilizando que, en la clandestinidad, muchas personas utilizaban psicodélicos para tratar trastornos mentales como depresión, ansiedad, TEPT o adicciones, con buenos resultados. Aunque estos usos no contaban con autorización legal y se alejaban del método científico controlado, sirvieron para mostrar que podía haber un beneficio real, lo que estimuló la curiosidad de algunos laboratorios y grupos académicos. Además, la información circulaba libremente, rompiendo de forma parcial el muro de prejuicios levantado por la propaganda de la «guerra contra las drogas».

A todo eso se unía la reciente aceptación de los usos médicos del cannabis, así como su regularización en muchos lugares, lo que sentó un precedente que mostraba que era posible investigar y desarrollar el uso médico de una droga prohibida.

Gracias a todo eso y más, algunos grupos de investigación empezaron a sacar adelante algunos estudios con psicodélicos. Este fenómeno, conocido como el segundo (y actual) renacimiento psicodélico, ha llegado a nuestros días con una fuerza inusitada, propiciando una oleada de estudios clínicos, proyectos empresariales, cambios legislativos y una popularización creciente que recuerda, en parte, a lo sucedido durante la primera gran ola psicodélica de los años sesenta.

En el presente apartado me centraré en narrar cómo y por qué se está dando este renacimiento en la actualidad, repasando los primeros pasos en la investigación posterior al periodo de prohibición, los hitos científicos que marcaron el gran impulso a comienzos del siglo XXI, el desarrollo legal y clínico que lo ha acompañado, la situación actual en distintas partes del mundo y las repercusiones socioculturales de este fenómeno.

El redespertar de la investigación

Cuando la psicofarmacología tradicional parecía estancada y no lograba dar respuesta a una crisis de salud mental que se expandía por todo el planeta, los psicodélicos empezaron a postularse como una posible alternativa muy prometedora. La posibilidad de lograr cambios terapéuticos profundos con apenas unas pocas sesiones, en lugar de requerir largos años de medicación diaria, y su eficacia en pacientes resistentes a tratamiento, despertó un optimismo renovado entre investigadores y clínicos que, poco a poco, fue calando en la comunidad científica. Si bien la propaganda de la «guerra contra las drogas» seguía teniendo influencia y muchos ámbitos sanitarios y académicos continuaban viendo estas sustancias con enorme desconfianza, varios grupos de investigación iniciaron estudios piloto. Fue así como comenzó, tímidamente primero y de forma más contundente después, este segundo renacimiento psicodélico, el actual.

Algunos grupos de investigación tomaron la delantera a finales de los años noventa y primeros de los 2000. En Estados Unidos, investigadores como el doctor Charles Grob empezaron a estudiar la MDMA en contextos clínicos, mientras que Rick Strassman se enfocó en la DMT. En Europa, científicos como Jordi Riba y Manel Barbanoj, desde el Hospital Sant Pau de Barcelona, hicieron lo propio con la ayahuasca, una decocción vegetal amazónica que contiene DMT y que se consume tradicionalmente en contextos chamánicos y rituales.

En paralelo, empezaron a salir las primeras investigaciones con psilocibina, el principio activo más estable de las llamadas «setas mágicas», y con LSD, cuyo uso prácticamente había desaparecido en los entornos médicos desde las prohibiciones de los sesenta. Por ejemplo, en Europa se cuentan los trabajos iniciales de Franz Vollenweider en Suiza o Euphrosyne Gouzoulis-Mayfrank en Alemania. En España, los grupos de Magí Farré, Rafael de la Torre y Jordi Camí también realizaron estudios con MDMA.

A pesar de la relevancia de estas investigaciones, en aquel momento tuvieron un impacto limitado; la mayoría de la comunidad científica seguía muy influida por la visión sesgada y demonizada de los psicodélicos, alimentada durante décadas de políticas prohibicionistas y discursos mediáticos alarmistas.

En España hubo intentos pioneros que reflejan muy bien las dificultades de la época. Por ejemplo, en el Hospital Universitario de La Paz (Madrid), el investigador José Carlos Bouso, apoyado por la organización MAPS, lanzó en el año 2000 un estudio (Bouso *et al.*, 2008) sobre el potencial terapéutico de la terapia asistida con MDMA para tratar el TEPT en mujeres víctimas de violencia sexual. Pese a resultados iniciales prometedores, un artículo sensacionalista en prensa provocó un escándalo que llevó a las autoridades a clausurar prematuramente el estudio en 2002, frenando una investigación que habría situado a Madrid a la vanguardia del campo.

Por su parte, Jordi Riba, desde Barcelona, investigó de forma pionera los efectos de la ayahuasca. Aunque en su momento sus trabajos no recibieron la atención que merecían, años más tarde se reconocería su trascendencia. De hecho, la revista *Rolling Stone* lo incluyó entre las veinticinco personas más influyentes para el futuro de la ciencia, un reconocimiento que llegó más de una década después de sus primeros ensayos.

Un estudio clave

A pesar de que a comienzos de los 2000 existía un goteo constante de pequeños estudios e iniciativas, el auténtico hito que impulsó la investigación psicodélica al foco científico internacional llegó en 2006. Ese año, Roland Griffiths, un reputado investigador en psicofarmacología y adicciones de la Universidad Johns Hopkins, publicó un estudio[18] que marcaría un antes y un después en la percepción de los psicodélicos desde el mundo científico.

Griffiths y su equipo administraron psilocibina o un placebo a un grupo de voluntarios en un entorno clínico controlado y bajo supervisión profesional directa. Después de la experiencia, se evaluó qué habían vivido los participantes y si habían observado cambios duraderos en su estado de ánimo y en su vida cotidiana.

Los resultados fueron sorprendentes:

- Dos tercios de los participantes clasificaron la experiencia psicodélica entre las cinco más significativas de su vida, equiparándola al nacimiento de su primer hijo o la muerte de un familiar cercano.
- Un tercio incluso señaló que había sido la experiencia más significativa de toda su vida.
- Además, tanto los voluntarios como sus familiares y amistades atestiguaron que se habían producido mejoras notables y duraderas en el bienestar emocional, constatadas varios meses después.

Aunque no se trataba del primer estudio moderno sobre psicodélicos, los datos de Griffiths causaron un fuerte impacto por su gran efecto y por las valoraciones tan profundas de los participantes. Se generó una gran atención mediática y científica, y esto animó a otros equipos de prestigio (como los de la propia Johns Hopkins, el

Imperial College de Londres, la Universidad de Nueva York, la UCLA, la Universidad de Zúrich o el Hospital Sant Pau) a abordar nuevas investigaciones. Además, organizaciones veteranas del ámbito psicodélico como MAPS, Heffter Research Institute, Beckley Foundation habían estado impulsando silenciosamente este campo durante años, y encontraron ahora un contexto más favorable.

A partir de 2006, el interés científico y social en los psicodélicos empezó a crecer a mucha velocidad. Investigadores de múltiples disciplinas (psiquiatría, psicología, neurociencia, farmacología) empezaron a ver que se avecinaba un momento dorado de la investigación psicodélica. De hecho, en 2010 se acuñó públicamente el término «nuevo renacimiento psicodélico» (The new Psychedelic Renaissance),[19] que desde entonces se ha utilizado para describir el creciente número de ensayos clínicos, la apertura de nuevos centros de investigación, las aprobaciones para uso médico y el interés de la prensa, diversos sectores y el público en general por el tema.

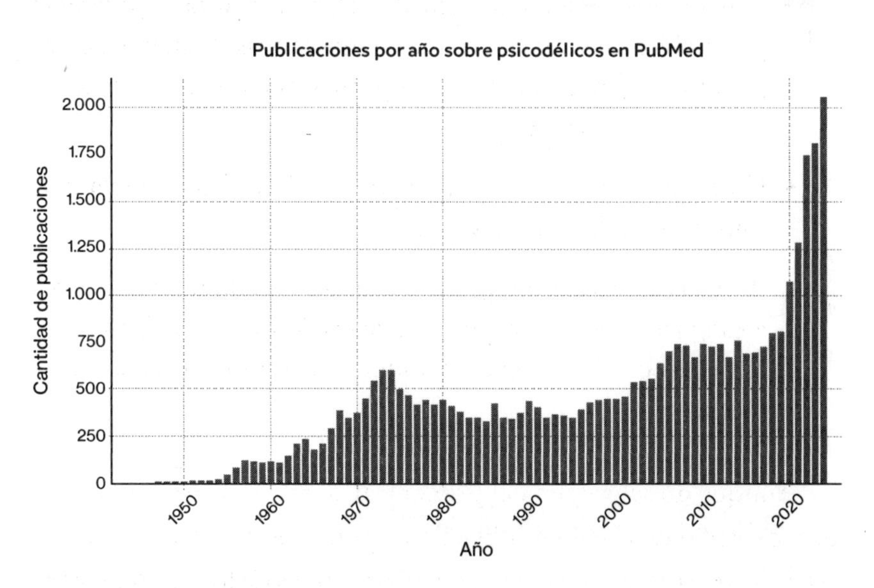

Figura 23. Las publicaciones científicas sobre psicodélicos se han disparado en los últimos años. Fuente: gráfica elaborada por el autor con los datos de publicaciones científicas sobre el tema en PubMed.

Este renacimiento no se ha limitado al ámbito estrictamente científico, sino que está permeando la sociedad y la cultura, al igual que sucedió en los años sesenta. Han surgido iniciativas de índole empresarial, proyectos de corte tecnológico, cambios legislativos y nuevos movimientos activistas. Sin embargo, esta expansión también conlleva riesgos, como la posibilidad de que se banalice el uso de psicodélicos o se repitan errores pasados vinculados a su popularización excesiva e indiscriminada.

Del laboratorio a la clínica

La crisis de salud mental global

En las últimas décadas, los trastornos de salud mental (depresión, ansiedad, TEPT, adicciones, etc.) han alcanzado proporciones preocupantes, y después de la pandemia de COVID-19 esta situación se ha agravado todavía más. Las aproximaciones farmacológicas convencionales —principalmente antidepresivos o ansiolíticos— han demostrado sus limitaciones tanto en eficacia como en la gestión de efectos secundarios, y no siempre funcionan para todo el mundo. De ahí que se haya considerado a los psicodélicos como un enfoque alternativo e innovador, con el potencial de proporcionar mejorías rápidas y duraderas, gracias a su capacidad de generar estados mentales de gran plasticidad y apertura terapéutica.

Desarrollo clínico y avances legales

A medida que los resultados de los primeros ensayos con psilocibina, MDMA, LSD o ketamina mostraban datos positivos en términos de seguridad y eficacia, los organismos reguladores comenzaron a implicarse. Esto quedó de manifiesto con la FDA (Administración de Alimentos y Medicamentos de Estados Unidos), que en años recientes ha otorgado la designación de «terapia innovadora» (*breakthrough therapy*) a varios estudios con psilocibina y MDMA, con el fin de acelerar los procesos de autorización para un uso médico controlado.

Además, la reciente aceptación de los usos médicos del cannabis en muchos países —y su consecuente regulación en algunos lugares— sirvió de precedente, al evidenciar que era posible investigar y aprobar aplicaciones médicas para compuestos antes duramente fiscalizados. De este modo, surgieron empresas y proyectos enfocados en investigar y desarrollar los usos terapéuticos de los psicodélicos, aun sabiendo que este modelo de negocio podría resultar menos rentable que los psicofármacos tradicionales (puesto que los psicodélicos se administran muy pocas veces, tienen efectos duraderos y, en muchos casos, han perdido o ni siquiera han tenido patentes).

No obstante, el creciente interés inversor dio origen a varias startups y empresas que han irrumpido con fuerza en los mercados financieros, obteniendo miles de millones de dólares de financiación: Compass Pathways, MindMed, Cybin, Atai Life Sciences, Numinus, HAVN Life, BetterLife Pharma, GH Research, BeckleyPsyTech o Mydecine, entre otras muchas. Todas ellas trabajan para avanzar en ensayos clínicos de fase II y III con distintos compuestos, con la esperanza de lograr la autorización y posterior comercialización de tratamientos basados en MDMA, psilocibina, ketamina, LSD, DMT, 5-MeO-DMT, ibogaína y otros.

Estos son algunos de los hitos recientes:

- Esketamina (Spravato®): en 2019, la FDA y la UE aprobaron la esketamina (una variante de la ketamina) de Janssen, en forma de espray nasal para el tratamiento de la depresión resistente. En España ya se administra en entornos hospitalarios, cubierto por la Seguridad Social y en centros privados.

- Australia se adelantó a sus propias agencias reguladoras y ya ha autorizado el uso médico de la MDMA y la psilocibina, por vía urgente, para tratar el TEPT y la depresión resistente, respectivamente. Mientras, otros países y estados de EE.UU. han descriminalizado o autorizado el uso terapéutico de estas sustancias.

- MDMA: MAPS (Multidisciplinary Association for Psychedelic Studies) y su empresa Lykos Therapeutics han llevado a cabo ensayos clínicos en fase III (la última para poder aprobar un fármaco) para el tratamiento del TEPT con terapia asistida por MDMA. Aunque la FDA rechazó recientemente su primer intento de aprobación para uso médico, ahora preparan un último ensayo en fase III que podría significar la aprobación definitiva de la MDMA en Estados Unidos (y otros países) en uno o dos años.

- Psilocibina: Compass Pathways y Usona Institute encabezan los ensayos en fase III para la depresión resistente a tratamiento y depresión mayor, respectivamente, también con la perspectiva de una posible autorización a corto o medio plazo.
- Ketamina: Awakn está en fase III de ensayos para el tratamiento del alcoholismo con ketamina.
- Otras indicaciones: adicciones, ansiedad, ansiedad social, fobias, demencia, anorexia, trastorno obsesivo compulsivo (TOC), alzhéimer, tartamudez, cuidados paliativos o dolor crónico se están explorando con psilocibina, LSD, DMT, 5-MeO-DMT, MDMA, ketamina y otras sustancias en distintos países y fases de desarrollo.

Incluso la ONU ha empezado a mostrar interés. En 2023, la Oficina de las Naciones Unidas contra la Droga y el Delito (UNODC) organizó un evento en su sede de Viena, en el que participé, y dedicó un capítulo entero de su informe anual sobre drogas al renacimiento psicodélico,[20] revisando su evolución y actualidad para informar a todos los países.

Situación geográfica: Estados Unidos, Europa y España

La repercusión de este renacimiento varía según los contextos legales, políticos y culturales de cada región, habiendo importantes diferencias entre países. Aun así, el fenómeno es claramente global, con notables ejemplos en Norteamérica, Europa y otras partes del mundo.

Estados Unidos

En Estados Unidos, la investigación clínica y las iniciativas empresariales han ido de la mano, impulsadas por los ensayos pioneros y la llegada de la designación de «terapia innovadora» por parte de la FDA. Varios estados y ciudades han empezado a descriminalizar o legalizar parcialmente ciertos psicodélicos para uso terapéutico o incluso recreativo, como Oregón, Colorado, California y Massachusetts. Esta tendencia sigue un patrón similar al que vivió la regularización del cannabis medicinal, aunque con sus particularidades.

Además de la evolución legislativa, llama la atención la presencia de políticos, autoridades sanitarias y celebridades que abogan públicamente por permitir el uso terapéutico de estas sustancias. Es el caso del antiguo aspirante presidencial Andrew Yang, o del actual secretario de Salud, Robert F. Kennedy Jr., que han mostrado abiertamente su apoyo a la aprobación médica de los psicodélicos. Del mismo modo, en 2021, el prestigioso periódico *The New York Times* publicó en portada el titular «The Psychedelic Revolution Is Coming. Psychiatry May Never Be the Same»,[21] enfatizando el alcance de esta revolución.

Unión Europea

En la Unión Europea, los hitos han sido algo más recientes pero igualmente importantes. Se han creado redes de incidencia científico-política en salud mental, como la Alianza Europea para el Acceso y la Investigación Psicodélica (PAREA), y diversas iniciativas ciudadanas (como PsychedeliCare) que buscan impulsar la investigación y la regulación de las terapias psicodélicas en toda la Unión Europea.

En los últimos años se han producido varios encuentros históricos en la mayoría de los cuales he podido participar como ponente o asistente:

- Presentación sobre psicodélicos en el Parlamento Europeo en Bruselas (2022): investigadores y defensores del potencial terapéutico de los psicodélicos expusimos los últimos avances científicos ante europarlamentarios, iniciando un diálogo inédito.
- Reunión en la Agencia Europea de Drogas (EUDA) en Lisboa (2023): se trató el impacto social de la revolución psicodélica y la necesidad de un seguimiento riguroso para minimizar daños a la salud pública.
- Reunión del Colegio Europeo de Neuropsicofarmacología en Niza (2023): científicos y clínicos discutimos acerca del estado actual, así como sobre las fortalezas y limitaciones de la investigación psicodélica en Europa.
- Reunión de trabajo sobre terapias psicodélicas en la Agencia Europea del Medicamento (EMA) en Ámsterdam (2024): diversos actores (investigadores, médicos, pacientes, políticos, etc.) revisamos el estado de los ensayos clínicos, sus limitaciones y el marco regulatorio necesario para la futura implementación de estos tratamientos en la sanidad pública europea. Pude constatar que la EMA ve con buenos ojos la futura

incorporación de estas terapias, y el debate ya no está en el «si», sino en el «cuándo y cómo».

- Presentación de la iniciativa ciudadana PsychedeliCare en el Parlamento Europeo (2025): presentamos ante los europarlamentarios esta iniciativa en la que se requiere un millón de firmas de ciudadanos europeos para que la Comisión Europea debata la viabilidad de acelerar la investigación y un acceso equitativo, seguro y legal a las terapias asistidas con psicodélicos.

Además, Europa cuenta con universidades y hospitales destacados en el panorama psicodélico: el Imperial College de Londres, la Universidad de Zúrich, la Universidad de Maastricht o el Parc Sanitari Sant Joan de Déu, entre otros. Incluso la propia Unión Europea ha lanzado y financiado su primer proyecto importante sobre el tema, con 6,5 millones de euros: PsyPal, un ensayo multicéntrico en diferentes países de la Unión, sobre el uso de psicodélicos en cuidados paliativos y otras condiciones complejas.

España

En España, la tradición investigadora en este campo se remonta a nombres como Manel Barbanoj, Jordi Riba o José Carlos Bouso, pero el apoyo institucional por el momento ha sido limitado. Esto provocó un considerable retraso respecto a otros países como Estados Unidos, Inglaterra, Holanda o Suiza. Aun así, en años recientes se han realizado estudios con MDMA, psilocibina, 5-MeO-DMT, DMT, esketamina e ibogaína en instituciones académicas y hospitalarias.

Con el fin de impulsar el movimiento, han surgido diversas organizaciones científicas, divulgativas y de incidencia política, además de la veterana ICEERS (International Center for Ethnobotanical

Education, Research, and Service, fundada en Barcelona en 2009). Entre las nuevas organizaciones que hemos constituido destacan la Sociedad Española de Medicina Psicodélica (SEMPsi), la Fundación INAWE, la Asociación Científica Psicodélica, la Sociedad Psicodélica de Madrid y otras agrupaciones que trabajan en ámbitos diversos: la promoción del conocimiento, la divulgación científica, el apoyo a la investigación y la interlocución con las autoridades.

Estos colectivos hemos logrado algunos avances, como que miembros de la junta directiva de SEMPsi nos reuniésemos con diputados miembros de la Comisión de Sanidad del Congreso de los Diputados en Madrid, para explicar la situación de la investigación y el potencial de las terapias asistidas con psicodélicos para España. Aunque nos queda mucho camino que andar, existe un creciente interés por parte de profesionales sanitarios y del propio público que confiamos ayude a acelerar la investigación, el desarrollo y la implementación de estas terapias en el territorio español.

Ámbitos empresarial, tecnológico y cultural

La influencia del segundo renacimiento psicodélico se ha extendido más allá del mundo académico y sanitario, penetrando en sectores empresariales, tecnológicos y culturales de una manera que recuerda lo sucedido en la primera ola de los años sesenta, si bien ahora la relación con la innovación, las startups y las grandes inversiones financieras resulta muy notable.

El auge de las clínicas y los retiros psicodélicos

Además de los hospitales públicos donde ya se puede recibir tratamientos con esketamina para la depresión, existen organizaciones privadas enfocadas en la administración de este y otros tratamientos psicodélicos de manera legal y profesional. Por ejemplo, en Estados Unidos funcionan clínicas como Field Trip Health, entre otras muchas, especializadas en terapias con ketamina, y en España han aparecido recientemente otras como Delos y Synaptica, que ofrecen tratamiento con ketamina en un entorno clínico controlado. También hay empresas estadounidenses que envían kits de ketamina a domicilio para hacer el tratamiento online por videollamada, un modelo controvertido por sus posibles riesgos.

A esto se suman los retiros en países con legislación más permisiva: compañías como Synthesis y muchas otras organizan experiencias con psilocibina, y proliferan los retiros de ayahuasca o de otras sustancias (en ocasiones promocionados como «ceremonias chamánicas»). El turismo psicodélico lleva a muchos viajeros a Perú y otras regiones amazónicas en busca de rituales ancestrales, aunque la oferta puede ser muy variada y no siempre se garantiza la presencia de facilitadores formados o de las medidas sanitarias necesarias.

Este renacimiento psicodélico en Occidente también ha supuesto un incremento de la demanda de ceremonias psicodélicas tradicionales, que no solo mueve a personas a viajar a países donde son tradicionales, sino que ha hecho crecer la oferta de este tipo de eventos en los propios países occidentales, como es el caso de las ceremonias de ayahuasca en España. Esto también supone una amenaza para los usos rituales y culturales de estas sustancias en numerosas comunidades no occidentales, donde ven con recelo este nuevo interés por esas plantas y hongos que ellos llevan siglos utilizando, pudiendo traerles problemas como el neochamanismo, la banalización de su cultura, la masificación turística, el expolio, los daños a su medio natural, la apropiación cultural, los abusos, etc.

El ecosistema empresarial y startup

El ecosistema de startups y de la gran industria tecnológica ha demostrado un creciente entusiasmo por los psicodélicos. Hace años, solo unos pocos psiconautas, biohackers y Silicon Valley *insiders* afirmaban usar LSD o psilocibina para expandir su creatividad, resiliencia o capacidad de innovación. Hoy muchos magnates y líderes empresariales han salido del armario psicodélico reconociendo públicamente haber experimentado o apoyado el uso de estas sustancias.

Destacan figuras como el inversor Peter Thiel o el multimillonario Elon Musk, CEO de SpaceX, Tesla y X. Musk, en el año 2021, declaró:

> Creo que, en general, la gente debería estar abierta a los psicodélicos. Muchas personas que hacen las leyes pertenecen a una época diferente, así que creo que, a medida que la nueva generación obtenga poder político, veremos una mayor receptividad a los beneficios de los psicodélicos.[22]

Más recientemente, en una entrevista, Musk afirmó que su tratamiento con ketamina le permitía mantener su salud mental ante un nivel de estrés tan elevado. Mucho antes, el propio Steve Jobs, cofundador de Apple, ya contó ante el Gobierno de Estados Unidos:

> Tomar LSD fue una experiencia profunda, una de las cosas más importantes que he hecho en mi vida. El LSD te muestra que hay otro lado de la moneda y, aunque no puedas recordarlo luego, lo sabes. Reforzó mi sentido de lo que era importante: crear grandes cosas en lugar de ganar dinero, volver a poner las cosas en el curso de la historia y de la conciencia humana tanto como pudiese.[23]

Este testimonio resulta emblemático para entender la influencia que, tanto históricamente como ahora, están teniendo los psicodélicos en la cultura tecnológica de California.

Dentro de estos círculos de innovación, también ha ganado popularidad la práctica del *microdosing*, que consiste en ingerir pequeñas dosis subperceptuales de LSD, psilocibina u otros psicodélicos con cierta periodicidad (por ejemplo, cada tres días) para, supuestamente, potenciar la creatividad, la concentración y el bienestar emocional, como si fuese un café mañanero. Medios de comunicación internacionales han retratado esta práctica como algo casi habitual dentro de Silicon Valley. Han surgido plataformas como ThirdWave, dedicadas exclusivamente a informar sobre esta práctica.

Sin embargo, la evidencia científica sólida que respalde los efectos de la microdosificación sigue siendo muy limitada en comparación con la gran cantidad de estudios favorables a las terapias con dosis altas, aplicadas con acompañamiento psicoterapéutico. Existe todavía un debate abierto en la comunidad científica sobre la efectividad real del *microdosing* y sus posibles riesgos.

Popularización sociocultural y riesgos

La repercusión de este segundo renacimiento no se restringe al plano empresarial o científico: artistas, celebridades, deportistas y personalidades de distintos ámbitos han hablado sin tapujos sobre sus experiencias con psicodélicos y sus beneficios percibidos. En el mundo del espectáculo, por ejemplo, han salido del armario psicodélico personas como Will Smith, Seth Rogen, Megan Fox, Gwyneth Paltrow, Kristen Bell, Paul McCartney, Sting, Miley Cyrus, Paul Simon o Ben Lee. En el ámbito deportivo, destacan testimonios como los de Mike Tyson, Daniel Carcillo o Lamar Odom. También periodistas como Michael Pollan o Hamilton Morris, o comunicadores influyentes tipo Joe Rogan, Andrew Hubberman, Tim Ferriss, Sam Harris o Jordan B. Peterson, han dedicado horas de sus pódcast y espacios mediáticos a este tema.

Ante la demanda, han surgido diversas iniciativas de divulgación en este ámbito —nuevos medios de comunicación como Psychedelic Times, revistas como *DoubleBlind Magazine*, documentales en Netflix como *Buen viaje: aventuras psicodélicas*, best sellers como *Cómo cambiar tu mente*,[24] pódcast como *The Joe Rogan Experience* o *Psychedelics Today*, canales informativos en redes sociales como Drogopedia, PsychedSubstance, TheDrugsClassroom y miles de artículos sobre el tema— y que se publiquen más noticias relacionadas en medios de comunicación generalistas considerados *mainstream*, como *The New York Times*, CNN, BBC, *The Washington Post*...

En España, diversos medios especializados —las revistas *Ulises*, *Cáñamo* o *Cannabis Magazine*— llevan años abordando el tema, y la mayoría de los generalistas le han dedicado varios artículos o reportajes, como *El País*, *El Mundo*, *El Confidencial*, *La Vanguardia*, *El Español*, *Público*, etc.

Congresos, festivales y comunidades

Para los interesados en conocer más, se organizan anualmente conferencias, convenciones y congresos alrededor del mundo. Desde la Psychedelic Science Conference hasta Breaking Convention, la Interdisciplinary Conference on Psychedelic Research (ICPR) o Horizons reúnen a científicos, clínicos y divulgadores. En España, eventos como el World Ayahuasca Conference, Fuertedélica o el congreso de INAWE/SEMPsi atraen a centenares de participantes, creando un lugar de encuentro para investigadores, curiosos y activistas.

En estos contextos, los científicos del ámbito psicodélico que hasta hace poco eran desconocidos, ahora son vistos como grandes personalidades. Es el caso de Robin Carhart-Harris (Imperial College de Londres y UCSF), Matthew W. Johnson (Universidad Johns Hopkins), Katrin H. Preller (Universidad de Zúrich), Rick Strassman (Universidad de Nuevo México), David Nutt (Imperial College), Rosalind Watts (Imperial College), Matthew W. Johnson (Universidad Johns Hopkins), Amanda Feilding (The Beckley Foundation), José Carlos Bouso (ICEERS) o los inolvidables Roland Griffiths (Universidad Johns Hopkins) y Jordi Riba (Hospital Sant Pau y Universidad de Maastricht), que nos dejaron hace poco.

Este fenómeno en auge ya tiene incluso su fecha de celebración internacional: el 19 de abril. Es el Bicycle Day, que se festeja en todo el mundo para recordar el primer viaje de LSD de la historia, el que realizó Albert Hofmann en 1943, del que hablé al comienzo de este capítulo.

En el plano puramente recreativo, los festivales de música ligados a la cultura psicodélica (Burning Man, Boom, Psy-Fi, Ozora) siguen creciendo en popularidad. De hecho, en estos eventos cada vez se demanda más la presencia de organizaciones dedicadas a implantar acciones de reducción de daños y cuidado de experiencias difíciles («malos viajes»), como *psycare* o *tripsitting.* Algunos ejemplos son KosmiCare o Zendo Project, organizaciones que nacieron en estos eventos para ofrecer apoyo y otros servicios de reducción de riesgos durante los festivales, y en España entidades como Energy Control, Ai Laket!! o Consumo Conciencia proporcionan análisis de sustancias para detectar adulterantes peligrosos, información sobre drogas y consejos de reducción de riesgos.

Por si fuera poco, han surgido incluso formas de acompañamiento psicodélico a distancia, como las aplicaciones móviles (por ejemplo, Fireside Project o TripSit), que ofrecen orientación en caso de experiencias difíciles. Del mismo modo, internet se ha convertido en un gran repositorio de información psiconáutica: webs y foros como Bluelight, Erowid, PsychonautWiki, Drugs-Forum, TripSit o recursos como Energy Control y Drogopedia ponen a disposición de cualquier interesado datos sobre efectos, dosis, interacciones y métodos de reducción de riesgos.

Iniciativas legislativas y decriminalización

Tal como sucedió con el cannabis medicinal hace tres décadas, hoy estamos asistiendo a un notable número de iniciativas populares en diferentes ciudades y estados estadounidenses que buscan descriminalizar o directamente legalizar el uso terapéutico y recreativo de las sustancias psicodélicas. En algunos sitios, los votantes han aprobado reformas legales a través de referéndums y votaciones, como considerar de baja prioridad policial la simple posesión de setas psilocibes, ayahuasca o cactus, o la legalización del uso terapéutico de la psilocibina, como es el caso de Oregón.

No obstante, a pesar de ciertas similitudes con la evolución regulatoria del cannabis, la naturaleza de los psicodélicos y sus objetivos de uso son diferentes. Mientras que el cannabis se ha normalizado en parte como sustancia recreativa y de uso diario, los psicodélicos suelen emplearse en contextos de sesiones puntuales o ceremonias específicas, con un enfoque mucho más orientado a la introspección y la transformación personal. La comparación no es perfecta, pero sí sirve para entender el potencial ritmo de cambio en la regulación y la percepción social en los próximos años.

El riesgo de repetir la historia

Este incremento masivo de la popularidad de los psicodélicos en Occidente —donde no existe una larga tradición de uso ceremonial y donde la información científica y la cultura psiconáutica están en proceso de expansión incipiente— hace que algunas voces adviertan del peligro de un boom descontrolado. Los psicodélicos clásicos (psilocibina, LSD, DMT) suelen ser seguros en el plano fisiológico, con baja toxicidad y adictividad, pero pueden desencadenar riesgos psicológicos severos, especialmente si se ingieren sin una adecuada evaluación y preparación, sin acompañamiento profesional ni integración posterior, o si el usuario presenta predisposiciones a trastornos psicóticos o bipolares.

Asimismo, la aparición de nuevas moléculas sintéticas alegales (*research chemicals*) con efectos psicodélicos y disponibles en internet (como 1P-LSD o 4-AcO-DMT) aumenta la complejidad de la reducción de daños y la posibilidad de confusiones e intoxicaciones. A esto se suma la creciente facilidad para cultivar setas en casa o extraer DMT de diversas plantas, con kits y tutoriales de internet que lo simplifican. En definitiva, existe una creciente necesidad de actuar con prudencia y responsabilidad, para evitar escenarios parecidos a los vividos a finales de los sesenta, cuando la explosión de consumo llevó a un rechazo frontal por parte de gobiernos y otros sectores.

¿Estamos preparados?

Tras varias décadas de estancamiento, la sociedad se encuentra ahora en un momento esperanzador de la historia de la investigación con psicodélicos. El potencial de estas sustancias para tratar de manera rápida y duradera trastornos mentales de gran prevalencia está cada vez más respaldado por ensayos clínicos y por el apoyo de organismos como la FDA, la EMA o incluso la ONU. Al mismo tiempo, el interés de sectores empresariales, la aparición de startups y la creciente atención de los medios de comunicación demuestran que el fenómeno ha salido de las catacumbas científicas para hacerse un hueco en la cultura *mainstream*.

No obstante, el riesgo de esta popularización acelerada es también evidente. Por un lado, hay temor a la mercantilización o banalización de los psicodélicos, y por otro se teme que un uso inadecuado y masivo pueda llevar a episodios psicóticos, brotes de desinformación o abusos que terminen manchando la reputación de unas herramientas terapéuticas altamente prometedoras. Recordemos que, hace medio siglo, la expansión de estas sustancias en contextos alejados del rigor clínico y con un trasfondo político explosivo acabó en prohibiciones generalizadas.

La pregunta que cabe plantearse, entonces, es: ¿está nuestra sociedad occidental preparada para integrar los psicodélicos de forma constructiva, segura y responsable, aprovechando sus beneficios y minimizando sus riesgos? Quizá no lo sepamos con certeza hasta que la terapia asistida con psicodélicos sea una realidad en el día a día de hospitales y centros de salud mental; otras sociedades no occidentales sí que han sabido mantener ese equilibrio durante siglos. Lo que parece claro es que la senda ya está trazada y que numerosos profesionales de la medicina, la psicología, la investigación y la política trabajan para que el segundo renacimiento psicodélico llegue a buen puerto evitando los errores del primero.

De aquí en adelante, será esencial aprender de la historia y de las experiencias acumuladas en estos últimos años. Las políticas de reducción de daños, la divulgación responsable, la formación de terapeutas especializados, la regulación clara y adecuada, y la colaboración entre distintos actores sociales serán claves para que esta ola psicodélica tenga un impacto positivo y duradero.

Solo el tiempo dirá si el segundo renacimiento psicodélico termina por consolidarse como una verdadera revolución en la salud mental o si, por el contrario, veremos repetirse el patrón de expansión y prohibición que ya conocimos en la segunda mitad del siglo XX. Por ahora, las expectativas son altas y la investigación avanza con paso firme, como veremos a continuación al abordar cómo —y para qué— se usarán los psicodélicos en investigación clínica y por qué funcionan.

5

¿Cómo y para qué se usan los psicodélicos en terapia?

Muchas personas piensan que, al igual que pasa con los antidepresivos o los ansiolíticos, los psicodélicos son unas pastillas que, en un futuro próximo, el médico nos recetará para que las recojamos en la farmacia y las tomemos a diario para sentirnos más felices o no tener ansiedad, como si fuese una especie de soma* legal que nos hará olvidar los problemas, o como se usan a día de hoy muchos psicofármacos como los antidepresivos o los ansiolíticos, pero nada más lejos de la realidad. Los psicodélicos se están estudiando para emplearse en terapias estructuradas y muy vigiladas con la finalidad de tratar trastornos psicológicos y neurológicos concretos y en momentos determinados. Estas drogas cumplirían un papel puntual potenciando la terapia, pero el paciente no las tomaría de forma recurrente ni se las llevaría a casa. Veamos cómo se hace esto.

Psicoterapia asistida con psicodélicos

Como ya adelanté en el capítulo 4, cuando hablamos de tratamientos con psicodélicos, por lo general nos referimos a modelos de

* En *Un mundo feliz* de Aldous Huxley, el soma es una droga ficticia utilizada para mantener a la población feliz y conformista.

terapias asistidas con psicodélicos (TAP), es decir, en las que el uso de un psicodélico es una parte de apoyo puntual en un proceso terapéutico más amplio. Dentro de las TAP, el modelo más habitual y estudiado es la psicoterapia asistida con psicodélicos (PAP), que combina la psicoterapia verbal convencional con el uso controlado y puntual de sustancias psicodélicas en sesiones supervisadas con la intención de inducir una experiencia psicodélica completa. Este enfoque ha demostrado ser muy efectivo para tratar ciertos trastornos de salud mental, fundamentalmente depresión, ansiedad, TEPT y adicciones, pero se están explorando muchas más posibilidades.

La idea es sencilla: durante la terapia, el paciente que ya ha sido evaluado y adecuadamente preparado recibe una o pocas sesiones de viaje psicodélico, siempre acompañado por terapeutas profesionales. El objetivo es que la sustancia ayude a desbloquear ciertos problemas, ideas o emociones, y luego, tras la sesión, trabajar para integrar todo el material que ha emergido durante las experiencias y lograr un cambio positivo y duradero. A diferencia de otros tratamientos convencionales en los que se toman medicamentos a diario, aquí las sustancias solo se usan en momentos clave de la terapia para potenciar su efecto y acelerar sus resultados, es decir, actúan como catalizador del cambio y potenciador de la psicoterapia.

Figura 24. En la psicoterapia psicodélica, el paciente toma el psicodélico y tiene un viaje introspectivo facilitado por la música y un antifaz, siempre bajo la supervisión del terapeuta. Fuente: imagen basada en la fotografía de Shutterstock / BAZA Production.

El tratamiento suele dividirse en cuatro o cinco fases en las que se prepara al paciente, se administra el psicodélico y se le ayuda a aprovechar la experiencia al máximo.

1. **Evaluación y cribado (*screening*).** Para empezar, el terapeuta evalúa al paciente y comprueba que sea seguro usar psicodélicos en su tratamiento. Se descarta a las personas con problemas psiquiátricos como bipolaridad o esquizofrenia, o condiciones físicas que pudieran agravarse al vivir una experiencia emocional intensa.

2. **Preparación.** Antes de administrar el psicodélico, el paciente participa en algunas sesiones de preparación. Se trata de entender qué espera de la experiencia y qué podría pasar

durante la misma, definir una intención clara para la sesión y construir una relación de confianza con el equipo terapéutico. También se le enseña a manejar cualquier posible momento difícil durante la experiencia usando técnicas de relajación, respiración y afrontamiento. Por ejemplo, un famoso mantra muy utilizado en la preparación para afrontar estas experiencias es «Confía, déjate llevar y ábrete a la experiencia» (*Trust, let go and be open*).

3. **Sesión de administración.** El día de la sesión, el paciente manifiesta su intención para la experiencia y toma el psicodélico en una sala preparada y con ambiente relajado, en compañía del personal terapéutico (por lo general dos, hombre y mujer). Se le invita a ponerse cómodo, taparse los ojos y escuchar una selección de música cuidadosamente diseñada para guiarlo en su viaje interior. Los terapeutas están presentes, pero la mayor parte del tiempo el paciente se enfoca en su experiencia sin intervención externa. El objetivo es que tenga una vivencia profunda que le ayude a conectar con sus emociones, pensamientos o traumas. A menudo estas experiencias vienen acompañadas de «descubrimientos» o «revelaciones» sobre uno mismo, sobre su trastorno o sobre el mundo.

4. **Integración y psicoterapia.** Después de la sesión, el terapeuta y el paciente trabajan juntos para comprender lo que ha ocurrido durante la experiencia y cómo puede aplicarlo a su proceso psicoterapéutico y a su vida diaria. Es un paso clave que permite que los cambios logrados durante la sesión se mantengan a largo plazo. Aquí es donde más se desarrolla el trabajo de psicoterapia. Esta fase es muy importante, sobre todo si la persona ha tenido una experiencia difícil (lo que comúnmente se llama un «mal viaje»).

5. **Seguimiento y evaluación.** En algunos casos, en especial en los ensayos clínicos, se hace un seguimiento presencial o telefónico para ver la evolución de los cambios en el paciente a lo largo de las semanas, meses o años posteriores. Si es necesario, se repiten las sesiones.

Este modelo de terapia, aunque sea el más habitual, no es el único. Existen otras modalidades con mayor o menor dosis y mayor o menor nivel de intervención terapéutica. Por ejemplo, en el caso específico de la MDMA, que se utiliza en personas con TEPT, la sesión psicodélica es más interactiva entre el paciente y los terapeutas, aunque sigue siendo un modelo de terapia no directivo, es decir, los terapeutas evitan tomar un papel conductor y se incentiva que el paciente explore sus pensamientos, emociones y problemas. Los pacientes y terapeutas trabajan de forma activa durante las sesiones para abordar los traumas, tarea facilitada por los efectos de la sustancia, que ayuda a generar empatía, confianza, positividad y autocomprensión.

Otro ejemplo sería la utilización de modalidades con menor intervención psicoterapéutica. Muchos ensayos clínicos actuales están explorando el uso de psicodélicos con apoyo psicológico durante la sesión, pero con muy poco trabajo de psicoterapia posterior, con el fin de acortar el proceso, abaratar la terapia y aislar mejor el efecto terapéutico del psicodélico del efecto de la psicoterapia. De este modo, también evitan el problema de que las agencias reguladoras de medicamentos (EMA o FDA) tengan que evaluar y autorizar la parte de la psicoterapia, cosa que no pueden hacer, y esto complica más el proceso de aprobación. Por ejemplo, uno de los problemas que enfrentó el fallido intento de aprobación de la psicoterapia asistida con MDMA para tratar el PTDS en Estados Unidos fue que la FDA no pudo evaluar correctamente la parte de la psicoterapia. De hecho, en la actualidad, la ketamina y la esketamina, que son los únicos tratamientos con efectos psicodélicos aprobados para trastornos mentales (concretamente la depresión), si bien se podrían usar en forma de psicoterapia asistida, en su prospecto no recogen esta necesidad, lo que hace que en la práctica clínica habitual en hospitales se administre sin tanto acompañamiento terapéutico, simplificando su uso, pero limitando su eficacia.

La mayor parte de las investigaciones que utilizan estos modelos, aunque todavía no son suficientes y tienen importantes limitaciones que mejorar, están arrojando como conclusión que los psicodélicos, si son administrados en un contexto de psicoterapia bajo supervisión profesional directa y en un entorno controlado, son capaces de catalizar experiencias transformadoras asociadas con resultados terapéuticos duraderos de forma segura, rápida y eficaz. Esto permite la remisión completa o parcial de algunos trastornos mentales —como la depresión, la ansiedad, el TEPT y las adicciones— en pacientes que no mejoran con las terapias convencionales, lo que se conoce como «pacientes resistentes a tratamiento». En la actualidad, estos suelen necesitar procesos terapéuticos muy largos y costosos, y tratamientos farmacológicos de larga duración que tienen efectos secundarios. Siguiendo estas pautas de control y supervisión en la terapia psicodélica, las tasas de seguridad, efectividad y durabilidad alcanzadas en las investigaciones están incluso por encima de los mejores tratamientos actuales, con menos efectos secundarios y en mucho menor tiempo, aunque se requiere más y mejor investigación para cimentar estos resultados y salvar las limitaciones que tienen los estudios actuales. Veamos estas líneas de investigación clínica.

Terapia asistida con psicodélicos en acción

Después de haber visto qué son las TAP, concretamente el modelo mayoritario de la PAP, en este apartado trataremos para qué trastornos se está investigando y cuáles están siendo los resultados de los ensayos clínicos, dado que en su mayoría son muy prometedores. Aunque todavía quede mucha investigación por hacer, las conclusiones obtenidas hasta la fecha son la piedra angular en la que se sustenta el entusiasmo por este renacimiento psicodélico.

Depresión

La depresión es un trastorno mental y emocional que suele manifestarse como profunda tristeza, sensación de vacío, falta de motivación, problemas de sueño (dormir demasiado o poco), pérdida del interés, cambios en el apetito y, en los casos graves, pensamientos suicidas o deseo de desaparecer. Puede tener diversas causas: psicológicas, genéticas, ambientales, sociales o biológicas.

Este trastorno afecta a más de trescientos millones de personas en todo el mundo y es la principal causa de discapacidad. En Estados Unidos, se estima que casi el 10 por ciento de los adultos han sido diagnosticados con depresión en el último año, y los costes asociados al tratamiento de esta enfermedad ascienden a más de doscientos diez mil millones de dólares anuales.

Tratamientos actuales y limitaciones

En la actualidad, la depresión se trata desde diversos enfoques y terapias, pero la más habitual consiste en combinar la psicoterapia con medicamentos (psicofármacos como los antidepresivos y ansiolíticos). Aunque estos tratamientos pueden ayudar a muchos pacientes, del 3 al 50 por ciento de las personas no obtienen una mejoría completa, y entre el 10 y el 30 por ciento no mejoran nada. Por otra parte, muchos de estos medicamentos tienen efectos secundarios que pueden dificultar su uso a largo plazo.

Y aquí es donde los psicodélicos están mostrando su gran potencial. Para las personas que no han mejorado con los tratamientos convencionales (los pacientes resistentes al tratamiento), la psicoterapia asistida con psilocibina y otros psicodélicos podría ofrecer una alternativa más eficaz.

¿Por qué funcionan los psicodélicos para tratar la depresión?

A diferencia de los antidepresivos tradicionales —como los inhibidores selectivos de la recaptación de serotonina (ISRS), que suelen reducir o tapar los síntomas—, los psicodélicos permiten que la persona tenga un nuevo punto de vista y se enfrente a las causas subyacentes de su depresión o proceso de ansiedad. Estos compuestos no solo brindan una experiencia introspectiva profunda, sino que abren una ventana de neuroplasticidad, lo que significa que el cerebro se vuelve más flexible: está dispuesto a crear nuevas conexiones y cambiar viejos patrones de pensamiento. Este proceso facilita cambios duraderos en la forma en que la persona se percibe a sí misma y al mundo. Ampliaremos todo esto en el capítulo 6.

¿Qué dicen los estudios con psicodélicos para tratar la depresión?

La depresión es uno de los trastornos de salud mental en que los psicodélicos están mostrando resultados más prometedores. De hecho, empresas como Compass Pathways están llevando a cabo diversos ensayos clínicos, sobre todo con psilocibina, que se encuentran en fases muy avanzadas de investigación. Por su parte, la esketamina (una forma purificada de ketamina) ya se ha aprobado como tratamiento para la depresión y se comercializa bajo la marca Spravato®.

Sin dejar de lado las limitaciones que muchas veces tienen los ensayos clínicos con psicodélicos, los estudios en depresión[25, 26, 27] han encontrado que una sola sesión con psilocibina (por ejemplo, 25 miligramos) puede reducir de forma notable los síntomas depresivos en personas con depresión mayor, incluso en aquellas que no mejoran con otros tratamientos. En ciertos pacientes se dieron mejoras equivalentes a pasar de una depresión moderada a una leve, o incluso a llegar a la remisión total de síntomas. En un estudio, hasta un 70 por ciento de quienes recibieron psilocibina mostraron signos claros de mejoría, frente a menos de la mitad en un grupo que tomó un antidepresivo habitual. Un análisis más amplio que revisó varios ensayos concluyó que la psilocibina aumenta en torno a un 70-80 por ciento la probabilidad de que el tratamiento funcione. La mayoría de los efectos secundarios fueron leves (dolor de cabeza, náuseas o mareos), pero también hubo casos de pensamientos suicidas, algo que puede suceder en depresiones graves y resalta la importancia de un buen acompañamiento médico. Aunque estos resultados son muy prometedores, se necesita más investigación para confirmar la seguridad y eficacia a largo plazo de este tratamiento.

Ansiedad

La ansiedad es una respuesta natural del cuerpo cuando nos sentimos amenazados o nos enfrentamos a situaciones estresantes. Es una emoción que todos experimentamos alguna vez, como cuando tenemos que hablar en público o tomar una decisión importante. Sin embargo, si la ansiedad es constante o muy intensa, puede convertirse en un problema que afecte a la vida diaria y llevarnos a otros trastornos mentales, como la depresión, a la que a menudo va unida.

Existen diferentes tipos de ansiedad: ansiedad generalizada (estado de preocupación constante y excesiva por el trabajo, la salud, la familia...), trastorno de pánico (ataques repentinos e intensos), fobias (temor angustioso y específico ante situaciones o cosas particulares: volar, las alturas, ciertos animales...), ansiedad social (miedo a ser juzgado o rechazado en sociedad), ansiedad posdiagnosis terminal (cuando se recibe un diagnóstico que implica la posibilidad de morir pronto), TOC (provoca pensamientos obsesivos que generan mucha ansiedad y llevan a realizar acciones repetitivas para tratar de aliviarla), etc.

Se estima que más de doscientos sesenta millones de personas en todo el mundo sufren algún tipo de ansiedad, lo que la convierte en uno de los problemas de salud mental más comunes. Por suerte, hay tratamientos eficaces, como la terapia o la medicación, pero en algunos casos se están investigando nuevas opciones, como la PAP.

Tratamientos actuales y limitaciones

Al igual que sucede con la mayoría de los trastornos psicológicos, el tratamiento de la ansiedad suele combinar dos enfoques: terapia psicológica y medicación.

La terapia cognitivo-conductual (TCC) es el tratamiento psicológico más común. Ayuda a las personas a identificar y cambiar patrones de pensamiento negativos y comportamientos que alimentan la ansiedad. La terapia de exposición también es habitual: el paciente se enfrenta de forma gradual a las situaciones que le generan ansiedad para reducir su respuesta. Aunque la TCC es eficaz, no funciona para todos. Algunas personas necesitan un tratamiento prolongado y, en ciertos casos, los resultados no son duraderos.

Asimismo, acceder a terapia de calidad puede ser costoso o difícil en algunas regiones del mundo.

Los fármacos más comunes para tratar tanto la ansiedad como la depresión son los antidepresivos. También se recetan benzodiacepinas, que tienen un efecto ansiolítico rápido, pero son altamente adictivas y solo se recomiendan para un uso a corto plazo. Los medicamentos pueden tardar semanas en hacer efecto y, en ocasiones, vienen con efectos secundarios como fatiga, insomnio o problemas sexuales. Además, no abordan la causa subyacente de la ansiedad y, al suspenderlos, los síntomas pueden reaparecer.

En resumen, los tratamientos actuales para la ansiedad son efectivos en muchos casos, pero tienen límites en cuanto a los efectos secundarios, la eficacia a largo plazo, el acceso a ellos o la disponibilidad, por lo que son necesarios otros enfoques, como los que ofrecen las terapias asistidas con psicodélicos.

¿Por qué funcionan los psicodélicos para la ansiedad?

Los psicodélicos, sobre todo la psilocibina o el LSD, parecen abordar la raíz de la ansiedad en lugar de limitarse a aliviar los síntomas de forma superficial. Al igual que sucede con la depresión o el TEPT, estos compuestos incrementan la plasticidad cerebral, facilitando que la persona procese pensamientos y emociones normalmente difíciles de afrontar. Al actuar sobre regiones del cerebro relacionadas con el miedo y la preocupación, permiten romper los patrones de pensamiento repetitivo que alimentan la ansiedad, y adquirir nuevas perspectivas más constructivas.

Además, los psicodélicos suelen promover una sensación de conexión y empatía, tanto con uno mismo como con el entorno, lo que ayuda a combatir la soledad y el aislamiento asociados a la ansiedad. Combinados con el acompañamiento profesional adecuado, los psicodélicos ofrecen una alternativa prometedora para quienes no han encontrado alivio con los tratamientos tradicionales. Ampliaremos esta información en el capítulo 6.

¿Qué dicen los estudios con psicodélicos para tratar la ansiedad?

Dado que la ansiedad suele ir unida a la depresión, en la actualidad la investigación sobre este tema mezcla ambos trastornos. Dicho esto, hay estudios que se centran más en el componente ansioso, como los que se hacen en personas con enfermedad terminal. Para aquellos que se enfrentan al final de la vida, los psicodélicos les ayudan a reducir el miedo a la muerte y a encontrar un nuevo sentido a sus últimos meses o años. Los pacientes reportan una mayor claridad sobre sus valores y prioridades, así como una sensación renovada del significado y el valor de la vida.

A pesar de las limitaciones que suelen tener los ensayos clínicos con psicodélicos, en pacientes de cáncer que sufrían ansiedad y depresión la psilocibina ha mostrado resultados muy prometedores. En uno de estos estudios,[28] se comparó una dosis muy baja (similar a un placebo) con una dosis alta, y se observó que la dosis alta produjo grandes mejoras en ansiedad, depresión, calidad de vida y sentido vital, reduciendo también el miedo a la muerte. Sorprendentemente, estos efectos positivos se mantuvieron hasta seis meses después, y alrededor del 80 por ciento de los participantes seguían presentando una reducción significativa de la ansiedad y la depresión. En otro estudio similar,[29] una dosis moderada de psilocibina acompañada de psicoterapia generó mejoras rápidas y duraderas (hasta seis meses y medio después) en la ansiedad, la depresión y el bienestar espiritual de los participantes, quienes también se sintieron mejor preparados para afrontar la muerte. Esto sugiere que la psilocibina, cuando se usa de forma controlada y con el apoyo adecuado, podría ser una alternativa terapéutica valiosa para reducir la ansiedad en personas con enfermedades graves o terminales.

Trastorno de estrés postraumático

El TEPT es un trastorno mental que afecta a muchas personas después de vivir o presenciar un evento traumático como una guerra, una agresión, una violación, un accidente o una catástrofe. Se da cuando, incluso después de que el peligro haya pasado, la persona sigue reviviendo el evento traumático una y otra vez, con una respuesta emocional y física muy intensa, aunque ya no haya una amenaza real.

Es normal que, tras un evento traumático, el cuerpo reaccione poniéndose en modo de alerta, listo para luchar o huir. Esta reacción incluye el aumento de la frecuencia cardiaca, la respiración acelerada y la liberación de hormonas del estrés, entre otros cambios. Lo habitual es que, con el tiempo, la respuesta disminuya y la persona pueda seguir adelante con su vida. Sin embargo, hay gente en la que estos síntomas persisten durante meses o años, lo que les impide llevar una vida normal. Este es el caso de quienes sufren TEPT, cuyos síntomas más comunes incluyen:

- Revivir el trauma a través de pesadillas, *flashbacks* o pensamientos no deseados.
- Evitar situaciones, lugares o personas que les recuerden el evento traumático.
- Sentirse siempre en alerta, como si el peligro siguiera ahí (insomnio, sobresaltos fáciles, ansiedad).

- Cambios en el estado de ánimo: sentimiento de culpa, problemas de concentración o pérdida del interés por las actividades cotidianas.

El TEPT afecta a millones de personas en todo el mundo, en especial a aquellas que han vivido violencia, guerra, abusos o accidentes graves. Se estima que entre el 7 y el 12 por ciento de la población sufre este trastorno en algún grado, y que casi el 60 por ciento de los hombres y el 50 por ciento de las mujeres han experimentado algún tipo de trauma a lo largo de su vida.

Tratamientos actuales y limitaciones

El TEPT suele tratarse combinando psicoterapia y medicación. Los antidepresivos, como el famoso Prozac®, y los ansiolíticos, como el Orfidal®, son algunas de las opciones más comunes. También existen terapias como la de desensibilización y reprocesamiento por medio de movimientos oculares (conocida por sus siglas en inglés, EMDR) que han mostrado ser útiles para algunas personas.

Sin embargo, muchos pacientes no mejoran con estas terapias, sino que se vuelven resistentes al tratamiento. Para esos casos, la psicoterapia asistida con MDMA está demostrando ser muy prometedora.

¿Por qué funcionan los psicodélicos para tratar el TEPT?

La MDMA, más conocida como éxtasis, por el momento está arrojando resultados impresionantes en el tratamiento del TEPT, en especial en personas que no han respondido bien a las terapias convencionales. En la actualidad, la MDMA está en la fase III de ensayos clínicos en Estados Unidos, lo que significa que está cerca de aprobarse para su uso médico. Organizaciones como MAPS están liderando estos estudios.

Uno de los aspectos más importantes de la MDMA es su capacidad para reducir la actividad de la amígdala, la parte del cerebro que activa la respuesta de miedo y de lucha o huida. Esto permite que los pacientes puedan recordar y procesar sus traumas sin la intensa respuesta emocional que suelen experimentar. Es como si el éxtasis les ayudara a ver esos recuerdos desde la seguridad y la distancia, provocando una respuesta de mayor calma y aceptación.

Otro de los efectos de la MDMA es que fomenta la empatía y la autocompasión, lo que facilita que los pacientes se abran y hablen con el terapeuta de sus experiencias más dolorosas. Esta apertura es clave para el proceso terapéutico, ya que muchas personas con TEPT tienden a sentirse culpables por lo que les sucedió, incluso aunque no tuvieran el control de la situación. Con la ayuda de la MDMA, pueden replantearse sus emociones y empezar a dejar la culpa atrás.

Por otra parte, el éxtasis, al igual que la mayoría de las sustancias con efectos psicodélicos, promueve la neuroplasticidad, es decir, la capacidad del cerebro para reorganizarse y aprender nuevas formas de ver y reaccionar ante las situaciones. En el caso del TEPT, facilita que el cerebro desaprenda el miedo provocado por el trauma y que cree nuevos patrones de pensamiento más saludables.

En resumen, la psicoterapia asistida con MDMA ofrece una nueva esperanza para aquellos que sufren de TEPT y no han encontrado alivio en los tratamientos convencionales. Gracias a su capacidad para calmar el miedo, aumentar la empatía y facilitar el proceso de cambio en el cerebro, está abriendo una nueva puerta al tratamiento de este trastorno tan debilitante. Ampliaremos esta información en el capítulo 6.

¿Qué dicen los estudios con psicodélicos para tratar el TEPT?

Aunque los ensayos clínicos con psicodélicos tienen limitaciones, los estudios[30, 31, 32] con terapia asistida con MDMA en personas con trastorno de estrés postraumático (TEPT), incluidos dos grandes estudios en fase III, muestran que esta terapia puede reducir de manera importante los síntomas de TEPT, incluso en casos graves o resistentes a tratamiento. Se han observado mejoras cercanas a duplicar las del grupo que recibió placebo y significativas si las comparamos con el que recibía un tratamiento convencional. Muchos participantes recuperan parte de su vida cotidiana al disminuir su ansiedad y revivir menos los recuerdos traumáticos. En varios casos, los pacientes dejan de cumplir los criterios de diagnóstico de TEPT tras la terapia, es decir, que estarían en remisión completa, curados. Además, aunque han aparecido efectos secundarios como dolor de cabeza, ansiedad, náuseas o rechinar de dientes (bruxismo), no se han reportado problemas graves de seguridad ni un aumento del riesgo de abuso. Aun así, se necesitan más investigaciones para confirmar su seguridad y eficacia a largo plazo y para determinar el mejor modo de llevar a cabo esta terapia.

Adicciones

Uno de los mayores problemas a los que nos enfrentamos en la actualidad son las adicciones. Pueden ser de varios tipos, como comportamentales (apuestas, pornografía, videojuegos, alimentación, etc.) o trastornos por consumo de sustancias (TCS) (drogas legales, médicas e ilegales), que se estima que afectan a cientos de millones de personas en todo el mundo. A nivel global, se calcula que 11,8 millones de muertes anuales están relacionadas con el consumo de alcohol, tabaco y otras drogas.

El *Manual diagnóstico y estadístico de los trastornos mentales* (*DSM-5®*) define el TCS como un patrón de comportamiento en el que la persona sigue consumiendo una droga a pesar de los daños y consecuencias negativas que le causa. Este diagnóstico abarca diez clases de sustancias, desde el alcohol hasta los opioides y los estimulantes, aunque deja fuera la cafeína. Un aspecto clave del TCS es el cambio en los circuitos cerebrales, que persiste incluso después de dejar la droga, lo que aumenta el riesgo de recaídas cuando la persona se enfrenta a situaciones que le recuerdan el consumo.

Tratamientos actuales y limitaciones

Por desgracia, los tratamientos actuales para las adicciones no siempre son efectivos. Muchas personas no logran recuperarse del todo con las terapias convencionales, como el uso de psicoterapia combinada con antidepresivos, ansiolíticos, antipsicóticos o algunos anticonvulsivos. Además, pueden tener efectos secundarios y riesgos cuando se utilizan a largo plazo. Los sistemas de salud invierten muchos recursos en estos tratamientos, pero la realidad es que las tasas de éxito no son lo suficientemente altas, y muchas personas se vuelven pacientes crónicos.

Este estancamiento contrasta con otras áreas de la medicina que han experimentado avances importantes en los últimos años. Las terapias tradicionales para las adicciones no han evolucionado tanto, lo que ha llevado a buscar nuevas alternativas, como el uso de psicodélicos.

¿Por qué funcionan los psicodélicos para tratar las adicciones?

Al igual que sucede en trastornos como la depresión, la ansiedad o el TEPT, las adicciones se relacionan con patrones de pensamiento y comportamiento rígidos que a menudo se desarrollan como una forma de cubrir vacíos emocionales o traumas. Por eso son un buen candidato para el tratamiento con PAP. De hecho, este tipo de terapia comenzó a explorarse a finales de la década de los cincuenta con personas que tenían problemas de alcoholismo y tuvieron mucho éxito.

Los psicodélicos ayudan a romper esos patrones rígidos y permiten que la persona se enfrente a las causas subyacentes de su adicción desde una nueva perspectiva. Esto le da la oportunidad de abordar los traumas o problemas emocionales que pueden haber contribuido al desarrollo de la adicción, y le ofrece un camino hacia la abstinencia o un consumo menos problemático. Ampliaremos esta información en el capítulo 6.

¿Qué dicen los estudios con psicodélicos para tratar las adicciones?

En la actualidad, el uso de psicodélicos se está estudiando como tratamiento para las adicciones tanto a sustancias (alcohol, tabaco, cocaína, heroína...) como a comportamientos (juego, sexo, redes sociales...). Las sustancias psicodélicas que más se están investigando en este campo son la psilocibina, la ibogaína, la MDMA, la DMT (en especial en forma de ayahuasca) y el LSD. Aunque es un campo que va más lento que la depresión o el TEPT, poco a poco se están acumulando evidencias muy prometedoras.[33, 34]

Los ensayos son limitados, pero en el caso de las adicciones, los estudios indican que tanto la psilocibina como el LSD podrían ayudar a reducir el consumo de alcohol y tabaco cuando se combinan con apoyo terapéutico. Por ejemplo, en un ensayo[35] con personas con alcoholismo, quienes recibieron psilocibina tuvieron la mitad de los días de consumo excesivo que quienes recibieron placebo (9,7 por ciento frente a 23,6 por ciento), y en otro estudio el 80 por ciento de los fumadores tratados con psilocibina seguía sin fumar a los seis meses, una tasa muy superior a la de tratamientos convencionales. Además, un seguimiento de casi tres años mostró que el 60 por ciento de los pacientes mantenía la abstinencia del tabaco.[36] Otras investigaciones revisadas confirman resultados parecidos en el uso de psilocibina para el alcoholismo, con tasas significativas de abstinencia e importantes reducciones en el consumo. En el caso del LSD, un metaanálisis[37] con más de 500 participantes encontró que una sola dosis se asociaba con casi el doble de probabilidades de dejar de abusar del alcohol, comparado con los tratamientos habituales. Aunque estos resultados son muy prometedores, los estudios suelen tener pocos participantes y se necesitan más investigaciones para afinar la seguridad y eficacia de estos tratamientos.

Enfermedades neurológicas y neurodegenerativas, y neurorrehabilitación

Las enfermedades neurológicas y neurodegenerativas, junto con los accidentes cerebrovasculares, los traumatismos cerebrales e infecciones neuronales, son trastornos que afectan al cerebro y al sistema nervioso. Estas condiciones pueden dañar las neuronas y el propio cerebro, lo que impacta en el pensamiento, la memoria, el movimiento o incluso el habla. Este tipo de enfermedades suelen ser muy difíciles de tratar, ya que todavía no contamos con tratamientos eficaces para la mayoría de ellas, y en muchos casos empeoran irremediablemente, lo que afecta de forma grave a la calidad de vida de las personas. Además, con el estilo de vida moderno, el aumento de la esperanza de vida y el envejecimiento de la población, algunas de ellas son cada vez más habituales y tienen un mayor impacto en la salud pública. Algunos ejemplos de este tipo de enfermedades son:

- **Alzhéimer.** Es la forma más común de demencia. Afecta sobre todo a la memoria y la capacidad para pensar. Las personas que la padecen olvidan hechos recientes, nombres o cómo realizar tareas simples, y con el tiempo pierden la capacidad de cuidarse. Hay más de 55 millones de enfermos de alzhéimer en todo el mundo.
- **Párkinson.** Afecta fundamentalmente al control de los movimientos. Las personas con esta enfermedad pueden experimentar temblores, rigidez muscular y lentitud. También puede influir en funciones como el sueño o el ánimo. Lo padecen unos 10 millones de personas en todo el mundo.
- **Esclerosis múltiple (EM).** Afecta al cerebro y la médula espinal. Los síntomas pueden ser variados, desde problemas para ver hasta dificultades para caminar o moverse. Hay más de 2,8 millones de enfermos con EM en todo el mundo.
- **Esclerosis lateral amiotrófica (ELA).** Afecta a las neuronas que controlan los músculos, lo que lleva a una pérdida progresiva de fuerza y, con el tiempo, a la parálisis. Se estima que más de medio millón de personas padecen ELA a nivel mundial.
- **Dolor neuropático.** Es un tipo de dolor crónico que se produce cuando el sistema nervioso está dañado o es disfuncional. A diferencia del dolor normal, que es la respuesta a una lesión o inflamación, el neuropático puede ocurrir sin un estímulo claro, y suele describirse como ardor, hormigueo o punzadas

intensas. Puede ser causado por condiciones como diabetes, EM, neuralgia posherpética (tras una infección de herpes zóster) o neuropatía periférica. Afecta a casi el 7-10 por ciento de la población mundial, y su tratamiento puede ser difícil, ya que los analgésicos tradicionales no suelen ser efectivos.

- **Cefaleas en racimo.** Es un tipo de dolor de cabeza muy intenso que se produce en brotes o racimos a lo largo de semanas o meses, seguidos de periodos sin síntomas. Suele ser unilateral y se localiza alrededor de un ojo, y puede venir acompañado de lagrimeo y congestión nasal. Las cefaleas en racimo son menos comunes que otros tipos de dolores de cabeza, pero se considera uno de los más dolorosos. Afectan a menos del 0,1 por ciento de la población mundial. Psicodélicos como el LSD o la psilocibina llevan años usándose con éxito para prevenir los brotes.

Además de estas enfermedades, muchos virus y otros tipos de infecciones pueden producir daños cerebrales de forma directa o indirecta, como es el caso del coronavirus SARS-CoV-2, causante de la COVID-19, que en algunas personas produce daños perdurables que se manifiestan en forma de dificultades cognitivas y niebla mental, lo que provoca problemas de concentración, memoria, lenguaje, disautonomía, fatiga, cefaleas, etc., que aparecen después de la infección (que puede haber sido leve) y perduran durante años (que sepamos de momento). Es lo que se denomina «COVID persistente», «*long* COVID» o «neurocovid». Tras la pandemia de 2020, se estima que esta nueva enfermedad crónica se ha desarrollado en torno al 10-20 por ciento de las personas que pasaron la infección, y afecta a más de cuatrocientos millones de individuos en todo el mundo, lo que supone un coste total anual superior a los mil billones de dólares.

El cerebro también puede sufrir daños en su estructura por un impacto puntual o recurrente, conocidos como «lesión cerebral traumática» o «traumatismo craneoencefálico». Se puede dar después de un accidente de tráfico, de un impacto en la cabeza, o, de forma gradual, en deportistas u otros profesionales que reciben muchos impactos en la cabeza (boxeadores, jugadores de fútbol americano y hockey sobre hielo, soldados...). En este tipo de lesiones se suelen presentar problemas de memoria y atención, demencia temprana, etc.

Otro tipo de daños que puede sufrir el cerebro son los accidentes cerebrovasculares (ACV). Se producen cuando el suministro de sangre al cerebro se ve interrumpido por un coágulo (ACV isquémico) o por la rotura de un vaso sanguíneo (ACV hemorrágico). Esto provoca la muerte de las neuronas en la zona afectada, lo que causa dificultad para hablar o entender el lenguaje, pérdida de fuerza o parálisis en una parte del cuerpo, problemas de visión, equilibrio y coordinación, así como cambios en el comportamiento o la capacidad para pensar. El ACV es una de las principales causas de discapacidad a largo plazo en todo el mundo, y millones de personas lo sufren cada año.

¿Por qué los psicodélicos podrían funcionar para tratar las enfermedades neurológicas y neurodegenerativas, y practicar la neurorrehabilitación?

En todos estos casos de enfermedades neurológicas, suele haber un daño a las neuronas o a la estructura del cerebro que puede ser difuso o localizado, puntual o progresivo, temporal o crónico, pero siempre se dan unas características comunes que hacen que las drogas psicodélicas puedan ser buenas candidatas a tratamiento.[38] Por eso, aunque todavía sean líneas de investigación muy incipientes, ya hay varios ensayos clínicos que exploran su utilidad en varias de estas enfermedades usando diversas sustancias y enfoques.

Por ejemplo, la neurorrehabilitación* es fundamental para ayudar a las personas a adaptarse y mejorar su calidad de vida durante y después de una de estas enfermedades neurológicas, ya sea para recuperarse o para ralentizar la progresión de la enfermedad. Para una neurorrehabilitación eficaz, es necesario que el cerebro y las neuronas tengan la capacidad de reconfigurarse, adaptarse y reconectarse. Esta capacidad se conoce como neuroplasticidad. Pues bien, se está demostrando que los psicodélicos son sustancias capaces de producir un mayor incremento en la neuroplasticidad del cerebro adulto, lo que facilita su reconfiguración estructural e incluso puede llegar a acelerar el nacimiento de nuevas neuronas en algunas regiones del cerebro adulto, proceso conocido como «neurogénesis». Ampliaremos todo esto en el capítulo 6.

Otra característica de estas enfermedades es que tienden a producir inflamación en las neuronas y el cerebro, lo que se conoce como «neuroinflamación». Este tipo de inflamación afecta al SNC y es especialmente difícil de tratar al estar mediada por células complejas (astrocitos y microglías) que están aisladas parcialmente del resto del cuerpo por la barrera protectora conocida como «barrera hematoencefálica». También se está demostrando que los psicodélicos pueden reducir este tipo de inflamación gracias a sus efectos antiinflamatorios a nivel neuronal.[39]

* Conjunto de tratamientos y terapias diseñados para ayudar a las personas que han sufrido daño cerebral, ya sea por enfermedad neurodegenerativa, accidente cerebrovascular o lesión cerebral. Su objetivo es mejorar la calidad de vida, recuperar las funciones perdidas y aprender nuevas formas de realizar las actividades cotidianas.

¿Qué dicen los estudios con psicodélicos para tratar las enfermedades neurológicas y neurodegenerativas?

Desgraciadamente, esta área de investigación es muy nueva y apenas hay estudios sólidos publicados que se hayan aventurado a explorarla, pero es un camino que ya está en marcha y tiene muy buenas perspectivas de futuro.[40] Ya se han empezado a ver algunos resultados muy prometedores, como en el caso del tratamiento del dolor crónico, la COVID-persistente y las cefaleas en racimo.[41, 42, 43]

Además, dado que hablamos de trastornos neurológicos, no tanto psicológicos, la modalidad de uso de las sustancias psicodélicas quizá debería seguir un protocolo diferente al de la PAP, pues no se busca tanto inducir una experiencia psicodélica intensa como activar sus efectos sobre las estructuras neuronales y cerebrales de una forma más sostenida y progresiva. En este contexto, podría tener utilidad el uso regular de dosis bajas o microdosis, que ya han demostrado aumentar la neuroplasticidad,[44] aunque estos trastornos no sean la principal razón por la que la mayoría de las personas consumen microdosis actualmente, sino que suelen hacerlo buscando tratar los síntomas de trastornos psicológicos como la depresión y mejorar su creatividad, productividad, humor, etc., como veremos en el capítulo 9.

En definitiva, lejos de ser una «fórmula mágica», estas terapias son procesos complejos que integran evaluación previa, preparación, acompañamiento durante la sesión y un importante trabajo posterior de integración y seguimiento. A lo largo de este capítulo hemos visto cómo las terapias asistidas con psicodélicos (TAP) están mostrando resultados prometedores en depresión, ansiedad, trastorno de estrés postraumático, adicciones y más. También hemos explorado el potencial incipiente, pero apasionante, de los psicodélicos en las enfermedades neurológicas y neurodegenerativas, así como en procesos de neurorrehabilitación.

Los estudios disponibles, aunque todavía limitados, señalan que estos compuestos pueden propiciar cambios duraderos en la manera de afrontar traumas, ansiedades, dependencias y depresiones. En muchos casos, la respuesta está siendo más rápida y eficaz que con tratamientos tradicionales, además de tener efectos secundarios distintos e incluso menos marcados.

Sin embargo, conviene subrayar que no existe un único protocolo válido para todos. Cada terapia debe adaptarse a las características de la persona, al trastorno que se pretende abordar y a la sustancia utilizada. Es esencial el acompañamiento de profesionales formados tanto para aprovechar al máximo el potencial terapéutico como para minimizar riesgos.

Las terapias asistidas con psicodélicos están inaugurando un nuevo paradigma en salud mental y neurológica. Si bien aún queda mucho camino por recorrer, la convergencia de investigación rigurosa, voluntad de innovación y demanda de soluciones terapéuticas eficaces hace pensar que estos tratamientos podrían formar parte importante de la medicina del futuro. Pero para poder entender todo el potencial de estos compuestos, es importante que profundicemos en sus mecanismos de acción y entendamos qué hacen exactamente estas sustancias en el cerebro y en la mente.

6

¿Cómo actúan y por qué curan los psicodélicos?

En las últimas décadas, los trastornos de salud mental como la depresión se han tratado con psicofármacos —ansiolíticos, antidepresivos, etc.— que suelen limitarse a tapar los síntomas, aplanando emocionalmente y estabilizando al paciente a costa de desconectarle de sus emociones, además de que requieren tomarlos cada día o con cierta frecuencia. Por su parte, a través de diversos mecanismos de acción que veremos en las próximas páginas, los psicodélicos producen experiencias y cambios cerebrales que, controlados, actúan como un catalizador terapéutico de uso puntual que acelera, profundiza y facilita el proceso terapéutico, lo que permite resultados rápidos y duraderos sin necesidad de seguir tomando esa sustancia. Podríamos decir que estos, en vez de estabilizar y desconectar al paciente, lo reconectan y desestabilizan de forma controlada para facilitar el proceso, lo que permite acceder a la raíz del problema y que terapeuta y paciente trabajen después en él.

Por eso las terapias con psicodélicos suponen un cambio de paradigma frente al modelo farmacológico actual, el equivalente a pasar de tratar una infección con antiinflamatorios (que actúan sobre el síntoma) a utilizar antibióticos (que atacan la infección), o pasar de tratar un dolor de espalda con analgésicos (que quitan el dolor y permiten que el paciente siga haciendo vida normal) a operar para atajar el problema de raíz.

Aunque todavía queda mucho por descubrir sobre los detalles del funcionamiento de los psicodélicos a diferentes niveles, cada mes se publican nuevas investigaciones que arrojan luz sobre sus efectos y principales mecanismos de acción terapéutica. En este libro no vamos a ahondar en los complejos mecanismos que explican cómo funcionan los psicodélicos (se necesitaría un conocimiento avanzado en neurociencia y muchas páginas), sino que ofreceremos una visión clara y simplificada de los efectos que provocan, así como de los mecanismos básicos que subyacen a los estados alterados de conciencia inducidos por ellos, lo que nos permitirá entender su potencial terapéutico y cómo pueden influir en la mente.

Cambios en la conectividad eléctrica del cerebro

Cuando las drogas psicodélicas llegan al cerebro, se unen a varios receptores neuronales, pero en especial a uno: el receptor de serotonina 5-HT2A. Sin embargo, no todas lo hacen de la misma manera. Por ejemplo, los psicodélicos clásicos —como el LSD, la psilocibina y la DMT— se parecen molecularmente a nuestra serotonina (ese neurotransmisor tan importante con múltiples funciones cerebrales) y por eso encajan bien en sus cerraduras (receptores) y se pueden unir a ellas. En cambio, otras sustancias semipsicodélicas —como la MDMA o la ketamina— influyen en estos receptores de manera indirecta y por eso producen efectos parecidos, pero no iguales. Por ello, las consideramos semipsicodélicas y están en categorías especiales: disociativas o empatógenas/entactógenas.

La clave es que el receptor 5-HT2A es el más importante para estas drogas porque es el que produce la mayoría de los efectos psicodélicos. Lo sabemos gracias a numerosos estudios que han demostrado que las sustancias con mayor afinidad y encaje en estos receptores son las que producen experiencias más intensas. Además, se ha observado que el uso de sustancias que bloquean estos receptores, como la ketanserina o algunos antipsicóticos, pueden anular estos efectos, aunque se haya tomado una dosis alta de un psicodélico.

Estos receptores se encuentran sobre todo en algunas regiones cerebrales encargadas de funciones tan diversas como la toma de decisiones, la planificación, el juicio, el pensamiento abstracto, la regulación del estado de ánimo, la percepción del dolor, el procesamiento emocional, el procesamiento de información sensorial (tacto, dolor...), la integración visoespacial, el procesamiento de estímulos visuales, el filtrado y la retransmisión sensorial, el pensamiento introspectivo, el sentido del yo y la autorreferencia. Por eso son las que se verán más afectadas durante la experiencia psicodélica. Los compuestos psicodélicos, al unirse con fuerza al receptor 5-HT2A, desencadenan una cascada de eventos que alteran la forma en que diferentes redes cerebrales se comunican entre sí.

Ahora bien, ¿qué se ve exactamente en el cerebro cuando este receptor se activa? Estudios con técnicas de neuroimagen, como la resonancia magnética funcional (fMRI), han demostrado que, bajo los efectos de la psilocibina o el LSD, no hay una simple activación de todas las neuronas (como se creía en un principio), sino algo más específico: una disminución en la actividad de la red neuronal por defecto (RND)[45] y un incremento en la conectividad entre áreas que suelen operar más aisladamente.[46]

La RND (o *default mode network*, en inglés) es un conjunto de regiones cerebrales involucradas en la autorreflexión, la narración interna y la proyección de la mente en el tiempo (anticipar futuro, repasar el pasado). Se asocia mucho con la idea del ego y con la forma en que nos contamos a nosotros mismos quiénes somos, qué nos pasa y qué es la realidad. Si esta red se «relaja» o reduce su funcionamiento, partes del cerebro que suelen estar bajo su supervisión empiezan a interconectarse libremente, sin tanto filtro o control. Esto explicaría, por ejemplo, la sensación de disolución del ego que tantas personas relatan: al debilitarse la actividad de la RND, los límites del «yo» se difuminan y se vive una sensación de unidad con el entorno.

Para entender por qué sucede y qué implicaciones tiene esto, podemos acudir a muchas interpretaciones, pero la teoría que mejor explica estos efectos es el modelo REBUS (creencias relajadas bajo psicodélicos) y el cerebro anárquico,[47] que se basa en la idea de que, al apagar esta red, los psicodélicos desordenan o deconstruyen el cerebro y lo devuelven a un estado primigenio más flexible, menos estructurado y automatizado, similar al de un niño. Esto nos permite explorar y reaprender nuevas formas de pensar y sentir, con todo el potencial terapéutico (y los riesgos) que eso implica. Para que se entienda, veamos de forma resumida cómo funciona el cerebro y cómo se construye la mente.

¿Cómo funciona el cerebro normalmente? La codificación predictiva jerarquizada

El cerebro es una máquina diseñada para reducir la incertidumbre del mundo que nos rodea, y para ello está constantemente prediciendo lo que va a suceder. Para elaborar esas predicciones, utiliza modelos predictivos que construye basándose en las experiencias pasadas. Esos modelos generan continuamente predicciones que permiten que nos anticipemos a lo que va a ocurrir, lo que nos ayuda a sobrevivir al entorno de forma rápida, eficaz y eficiente, sin tener que pararnos a recopilar y analizar miles de datos sensoriales.

Desde que nacemos, el cerebro empieza a percibir el mundo a través de los sentidos. Según las experiencias que vivamos, irá construyendo estos modelos y los organizará de forma jerárquica. Es decir, creará modelos de alta jerarquía, como «El mundo es un lugar inseguro» o «Yo siempre fracaso», y otros de menor jerarquía, como «La lluvia está fría» o «Los petardos explotan». Gracias a la construcción de estos modelos —que también podríamos llamar «nuestras creencias o teorías sobre el mundo y nosotros»—, pasamos de un estado de contemplación, reacción y aprendizaje infantil —basado en los sentidos, que es lento, costoso y poco útil para la supervivencia— a uno de predicción y acción, mucho más rápido y práctico para sobrevivir, que ya no necesita recibir toda la información desde los sentidos, sino que predice el mundo en función de los modelos previamente aprendidos y un poco de información sensorial, lo que se conoce como «codificación predictiva jerarquizada». Pasamos de ser bebés que contemplan el mundo a ser adultos que lo predecimos, y por tanto lo creamos.

No olvidemos que un modelo no es más que la representación simplificada de la realidad y, por consiguiente, no está exento de errores y limitaciones, pero sirve para funcionar en el mundo de forma más rápida, ordenada, eficaz y eficiente, anticipando lo que va a pasar y sin consumir los recursos cerebrales que supondría tener que estar siempre analizando todos los estímulos que recibimos a través de los sentidos.

¿Y qué sucede cuando esas predicciones fallan? El cerebro está continuamente contrastando esas predicciones con la información sensorial que recibe. Cada vez que acierta, ese modelo (que ha creado la predicción acertada) se consolida, y cuando no acierta, se produce un error de predicción. Si se trata de un fallo relevante, corrige ese modelo para que las predicciones futuras sean más precisas y así vamos aprendiendo. Por ejemplo, ¿alguna vez te has asustado al entrar en una habitación y ver una silueta en la oscuridad que luego resultó ser simplemente un abrigo? No era más que una silueta, pero nuestro cerebro, basándose en todas las siluetas de personas que hemos visto, predijo rápidamente que sería una persona y, en vez de esperar a confirmar la predicción, actuó en consecuencia haciéndonos saltar. Eso es un error predictivo, y como tal, obliga al modelo a actualizarse para que no volvamos a asustarnos la próxima vez en esa habitación, pero si hubiese acertado y esa silueta hubiera sido un intruso en casa, nuestro modelo tal vez nos habría salvado la vida.

Con el tiempo y la experiencia, estos modelos se van volviendo más precisos, sobre todo durante nuestra infancia. Pero conforme nos vamos haciendo mayores, nuestros modelos también se van volviendo menos flexibles, el cerebro «prefiere» confirmar lo que ya conoce antes que reescribir sus hipótesis y por eso empieza a filtrar y descartar la realidad sensorial que recibimos y que los contradiga, limitando la información que recibimos del mundo real a cambio de brindarnos un funcionamiento más ágil y eficaz en él.

Una ilustración común de este fenómeno son las ilusiones ópticas, como la ilusión de la máscara hueca o *hollow mask illusion*: el cerebro, acostumbrado a ver caras convexas, se niega a aceptar que lo que ve es la parte cóncava (interna) de una máscara y nos hace «ver» el rostro como si estuviera hacia fuera, mirándonos, aunque sepamos que no es así. Cuando la información sensorial contradice nuestras predicciones según nuestros modelos aprendidos, como en este caso, el cerebro tiende a darles validez a nuestras predicciones, a menos que se trate de algo muy importante y que nos fuerce a actualizar nuestros modelos. Si esta ilusión se la mostramos a un bebé que todavía no ha experimentado lo suficiente para construir sus modelos ni generar predicciones (no ha visto suficientes caras para saber que deberían ser siempre convexas), dará validez a la información sensorial y no verá la ilusión óptica.

En este sentido, las redes neuronales de alta jerarquía, como la RND, que son las que sustentan los modelos más importantes —como la identidad o el ego— y se van consolidando según nos hacemos mayores, actúan cada vez más como un filtro, y controlan qué información sensorial es relevante y cómo la interpretamos:

dejan pasar lo que consideran significativo y concuerda con los modelos, y desechan lo que no lo es o entra en conflicto con estos. Pero ¿y si en vez de estar ante una simple ilusión óptica, estuviésemos ante algo mucho más importante? ¿Y si lo que fallase es que hemos construido un modelo sobre quiénes somos y cómo es el mundo que nos fue útil en la infancia, pero ahora nos resulta problemático, incluso patológico? Por ejemplo, si alguien cree profundamente que «no merece ser amado», tenderá a filtrar la realidad para confirmar esa creencia (interpretará cualquier gesto neutro como rechazo o verá cualquier halago como «falsedad»; será muy difícil que cambie ese modelo o creencia si no puede «ver» aquello que la contradice). Lo mismo ocurre con obsesiones, fobias o ansiedades. La RND «gobierna» esos modelos de alto nivel y desecha la información que los contradice. Esto puede ahondar el pozo de la depresión, la rumiación o la autopercepción negativa.

Nuestros modelos contenidos en la RND son como unas lentes a través de las cuales vemos el mundo y filtramos la realidad. Sin embargo, bajo los efectos de los psicodélicos, liberamos temporalmente al cerebro de su influencia, para bien o para mal. Por ejemplo, en un estado psicodélico, estas ilusiones tampoco funcionan: los modelos jerárquicos superiores contenidos en la RND se desactivan de forma temporal, lo que permite que la información sensorial fluya sin restricciones y prevalezca frente a los modelos aprendidos y nuestras predicciones.

¿Qué le hacen los psicodélicos al cerebro?

Cuando tomamos un psicodélico, la activación de los receptores 5-HT2A en la corteza del cerebro produce un caos temporal que reduce la actividad de la RND que, además de ser la sede de nuestros modelos de alta jerarquía, está involucrada en la autorreflexión, la narración interna y la proyección de la mente en el tiempo (anticipar el futuro, repasar el pasado). Esta red se asocia mucho con la idea del ego y con la forma en que nos contamos a nosotros mismos quiénes somos, qué nos pasa y qué es la realidad. Por eso en personas con determinados trastornos psiquiátricos latentes como la psicosis, la esquizofrenia o la bipolaridad, tomar psicodélicos es muy peligroso y puede llegar a producir un brote.

En condiciones normales, la RND es como un director de orquesta que coordina las distintas secciones cerebrales para que cada una toque su partitura de forma armoniosa. Al tomar un psicodélico y «adormecer» momentáneamente a ese director, cada sección de la orquesta (las diversas redes neuronales) se pone a experimentar, a tocar a su aire o a mezclarse con otras secciones. El resultado, al principio, puede ser caótico. Pero también se crean melodías nuevas, conexiones insólitas y, en ocasiones, composiciones más bellas o reveladoras que antes. Además, toda la información sensorial o interna que la RND no dejaba entrar ni «sonar» por ser poco importante o contradecir sus modelos se cuela en la orquesta. De ahí que muchas personas se refieran a tomar psicodélicos como «abrir las puertas de la percepción» o «expandir la conciencia».

Este pequeño caos en la orquesta puede verse en el cerebro como un aumento en la conectividad funcional entre diferentes áreas, lo que implica que distintas regiones cerebrales que no suelen comunicarse entre sí empiezan a hacerlo, dando lugar a que, durante un tiempo, el cerebro pase de estar muy segmentado, dividido y especializado a desorganizarse y unificarse, lo que produce fenómenos como la sinestesia (mezcla de sentidos), las alucinaciones visuales, la mezcla de pensamientos y la generación de nuevas ideas. Esto explicaría, por ejemplo, la sensación de disolución del ego que tantas personas relatan: al debilitarse la actividad de la RND, los límites del «yo» se difuminan y se vive una sensación de unidad con el entorno.

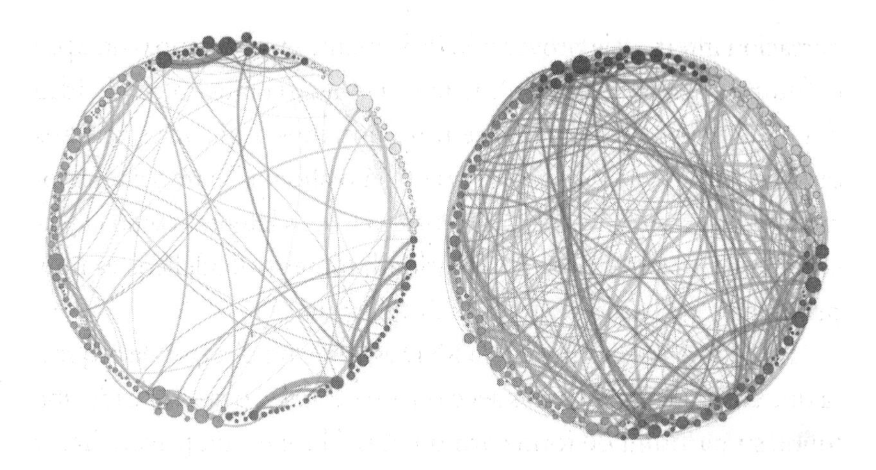

Figura 25. A la izquierda, las comunicaciones entre diversas regiones cerebrales en alguien que ha tomado un placebo; a la derecha, las comunicaciones entre diversas regiones cerebrales en alguien que ha tomado psilocibina. Imagen de G. Petri *et al.* (2014).[48] Fuente: Creative commons / G. Petri *et al.* (2014).

Una analogía útil es pensar en el cerebro como si fuera una ciudad con autopistas principales y carreteras secundarias. En condiciones normales, la mayoría del tráfico circula por las autopistas de la RND, sigue rutas predecibles, y las carreteras secundarias apenas se usan. Sin embargo, cuando tomamos un psicodélico y la RND se apaga, es como si esas autopistas se cerraran temporalmente, de manera que el tráfico se ve forzado a usar las carreteras secundarias. Esto permite que los conductores descubran nuevos caminos y lugares, cambiando de forma temporal la manera en que se mueven por la ciudad. Cuando la RND vuelva a funcionar y termine el bloqueo de las autopistas, la mayoría de los coches volverán a transitarlas, pero si alguna correspondía a un modelo de pensamiento que nos estaba dando problemas, varios conductores que antes la transitaban seguirán usando las carreteras secundarias que han descubierto y ya no habrá tanto tráfico como antes. Si, con el tiempo, esas rutas alternativas se emplean con frecuencia, se convertirán en nuevas autopistas, lo que mejorará aún más la circulación y se habrá producido un cambio duradero en el cerebro, su conectividad y sus modelos de pensamiento.

Otra metáfora es imaginar que la mente es la ladera nevada de una montaña. Los pensamientos son como los esquiadores que bajan por ella: van marcando surcos con los esquís que luego seguirán los demás. Cuantos más transiten por un surco determinado, más profundo será y más les costará a los siguientes esquiadores salirse de él. Una experiencia psicodélica equivaldría a una nueva nevada que cubre los surcos y permite que algunos esquiadores salgan de esas trazadas y hagan otras nuevas. Similar a lo que sucede al agitar una bola de nieve: durante un tiempo la nieve se encuentra en un estado de caos, pero se asienta, y según cómo hayamos colocado la bola de nieve, puede que se asiente de forma diferente a como estaba antes. Este caos temporal permite a los psicodélicos reconfigurar los modelos mentales con un potencial cambio duradero positivo si se hace en las condiciones terapéuticas adecuadas, o negativo si no se cuida ese aspecto.

Muchos trastornos mentales —depresión, ansiedad, TOC o adicciones— están asociados a la hiperactividad de la RND. En estos casos, los patrones de pensamiento y las creencias (autopistas o surcos) se vuelven tan rígidos y repetitivos que dominan el cerebro y filtran la realidad percibida a su conveniencia, lo que nos desconecta del mundo exterior e interior y refuerza comportamientos y pensamientos que están en la base del trastorno. En muchos sentidos, las personas que sufren este tipo de condiciones están involuntariamente atrapadas en patrones de pensamiento patológicos que les encierran en su propia cabeza: les impiden salir de esos caminos mentales marcados y funcionar de otro modo o ver las cosas de otra manera, como los elementos positivos en nuestra vida y a nuestro alrededor o simplemente dejar de dar vueltas a pensamientos negativos, lo que se conoce como «rumiación», muy relacionado con esta sobreactivación de la RND.

Cambiar estos patrones, modelos y creencias suele ser un proceso largo y difícil, para lo que se trabaja mucho en terapia, pero los psicodélicos pueden ofrecer una ventaja. Durante una experiencia psicodélica, los modelos rígidos se derrumban por un tiempo, se flexibilizan, aceptan modificaciones y permiten que el cerebro se reconfigure. Es como si la mente, por lo general estructurada como una pieza sólida, se ablandara por un momento y dejara que la remodelasen antes de volver a solidificarse.

Uno de los fenómenos más comentados es la disolución del ego. Mucha gente describe que, durante la experiencia, pierde la sensación de ser un «yo» separado y se siente unida al entorno o a algo más vasto (la naturaleza, la humanidad, el universo). Neurocientíficamente, esto se vincula a la reducción de la actividad de la RND, lo que hace que ese «cuento interno» de quiénes somos baje de volumen y deje de recordarnos continuamente nuestra identidad. Esto puede vivirse como algo muy liberador o, si surge en un contexto inadecuado, muy aterrador.

Esto no significa que los psicodélicos se limiten a destruir el ego o los modelos mentales, sino que los flexibilizan, lo que permite que influyan en ellos nuevas perspectivas y experiencias de ese momento y los puedan llegar a cambiar de forma duradera. Bien gestionado, puede ayudar a ver las cosas desde otro ángulo, recordar aspectos olvidados de la vida y detectar patrones patológicos subconscientes que, por lo general, serían inaccesibles en un estado de conciencia ordinaria y estarían filtrados por la RND, pero de pronto se vuelven visibles y modificables.

Por este motivo, el estado que se alcanza bajo la influencia de un psicodélico es similar al de un cerebro infantil: más abierto, menos estructurado, con menos prejuicios y más receptivo a nuevas experiencias. No podríamos vivir siempre así, por eso, con los años, el cerebro va volviéndose más cerrado y enfocado, lo que es muy útil para la supervivencia, pero en algunos casos puede llevar a estados de rigidez mental extrema, como en la depresión o el TOC, donde la mente cierra su foco, ignora todo lo que no se ajuste a los modelos preestablecidos de cómo es el mundo (peligroso, egoísta, complicado) y dificulta mucho el cambio.

Los psicodélicos abren ese foco y expanden la mente al borrar de forma temporal las fronteras impuestas por el ego, lo que permite que los modelos del mundo se actualicen con lo que nos rodea, como si fuese un reseteo o la actualización del sistema operativo. Por eso es crucial que estas experiencias se desarrollen en un contexto controlado y terapéutico, con una preparación adecuada y en un entorno seguro; de lo contrario, estos cambios podrían ser a peor.

Experiencia psicodélica subjetiva (efectos psicológicos y fenomenológicos)

Todas estas modificaciones a nivel de conectividad cerebral dan pie a un estado alterado de la conciencia y a una serie de efectos en las dimensiones mentales que percibimos, como cambios emocionales, cognitivos y perceptivos, lo que configura una experiencia que coloquialmente conocemos como «viaje psicodélico» o *trip*.

Reciben ese nombre por la enorme complejidad, profundidad y desarrollo que pueden llegar a tener, ya que se experimentan incluso etapas muy diferentes en las que la persona transita por distintos tipos de experiencias, con diversos contenidos mentales, sensoriales o emocionales. A nivel psicológico y experiencial, los efectos de los psicodélicos son siempre muy variados. Dependerán de la dosis, el estado mental de la persona y el contexto en que se consuman, lo que se conoce como «*set & setting*». Los efectos más comunes incluyen cambios en la percepción sensorial, el pensamiento, las emociones y la conciencia.

Estos cambios pueden incluir intensificación de los colores, distorsión en las formas y visiones caleidoscópicas con los ojos cerrados. También puede aparecer sinestesia, un aumento en las sensaciones táctiles y auditivas, y la apreciación más profunda de la música y los sonidos.

Al igual que la información que llega de los sentidos se amplía al no estar tan filtrada por la RND, todo lo que viene de nuestro interior, el flujo de pensamiento subconsciente o inconsciente que suele estar filtrado y no llegamos a percibir estando sobrios, se vuelve también visible, accesible, y emerge. Como mencioné en el capítulo 1, de este efecto es de donde deriva el término «psicodélico»: de la unión de *psyche* ('mente') y *delos* ('manifestar' o 'mostrar'). En esencia, eso es lo que hacen los psicodélicos, mostrarnos algo sobre nosotros, sobre nuestra mente o sobre el mundo, algo que no vemos en un estado ordinario de conciencia, y ese algo puede ser muy útil, divertido o peligroso según el contexto y la preparación mental previa.

Desde que dejamos atrás la infancia, perdemos la costumbre de recibir ese gran influjo sensorial de información sin apenas filtrar o procesar, libre de todo el aprendizaje previo, lo que provoca que percibamos las cosas como si fuese la primera vez que las viéramos, como un descubrimiento, que nos resulten novedosas y llamativas, y que podamos encontrarles sentidos diferentes a los que solemos asignarles, nuevas perspectivas sobre viejos temas.

Una simple silla, que solemos asociar sin pensarlo con sentarnos, puede adquirir de pronto un significado muy distinto, convertirse en una metáfora de la vida o resultarnos un objeto muy gracioso y absurdo. De forma inesperada, también puede evocar un recuerdo negativo sobre alguien o algo.

Todas las tareas que tenemos aprendidas, estructuradas, automatizadas e interiorizadas, como poner una canción en Spotify o prepararnos para salir a la calle, se pueden volver muy complejas y lentas, como si fuese la primera vez que las hiciéramos. ¿Recuerdas lo complicado y lioso que era conducir al principio?

Ese estado de conciencia expandida se caracteriza por una sensación de estar en el presente y de conexión con lo que nos rodea o con lo que está dentro de nosotros en ese momento, como un niño que vive el ahora, lleno de espontaneidad. Esto contrasta con el estado del ego adulto, que vive pensando en el pasado o en el futuro, caracterizado por sentimientos de separación entre nosotros y lo que nos rodea, lo que nos provoca miedo, ansiedad, remordimientos, arrepentimiento, defensa o prisas.

Estos efectos cognitivos pueden percibirse como positivos y agradables o como negativos y desagradables, incluso aterradores. A menudo, las experiencias psicodélicas se describen como un viaje con unos momentos agradables y otros difíciles. Es habitual que emerjan recuerdos personales, así como sentimientos de conexión con el entorno y con los demás. Algunos psicodélicos y semipsicodélicos (como la MDMA) reducen la actividad de la región del cerebro encargada del miedo y las respuestas de lucha o huida, permitiendo revisar contenido autobiográfico de carácter traumático desde una perspectiva menos amenazante, lo que posibilita su reprocesamiento y resignificación, y que se logren grandes avances en este sentido. Aquí reside gran parte del potencial para tratar trastornos como el TEPT.

En dosis altas, los psicodélicos pueden inducir lo que se conoce como una «experiencia mística», una vivencia profundamente introspectiva en la que el ego y la identidad se disuelven casi por completo, desaparece la frontera entre el «yo» y lo demás, y la persona siente una profunda conexión con todo lo que la rodea (la naturaleza, la humanidad, el universo...). Estos momentos pueden incluir sensaciones de amor universal, bienestar y trascendencia del tiempo y el espacio, y vivirse como experiencias de muerte y renacimiento, de rendición y aceptación, con nuevos propósitos, sentidos y significados para la vida y los elementos que la componen —relaciones, trabajo, espiritualidad o metas—, aunque con una preparación inadecuada estas experiencias pueden provocar mucha angustia o llegar a ser aterradoras.

Estas vivencias, aunque temporales, pueden estar llenas de revelaciones, nuevas perspectivas y respuestas a preguntas fundamentales sobre la vida, nuestro propósito en ella y el universo. Por eso pueden llegar a tener un impacto duradero en cómo vemos el mundo y en nuestra identidad, porque, aunque estén inducidas por ese estado alterado de la conciencia, pueden traernos aprendizajes, nuevas formas de ver la vida o ideas que quizá nos sean útiles en el futuro. Los psicodélicos permiten que la mente explore nuevos caminos y formas de pensar, y bien utilizados pueden abrir la puerta a cambios personales y terapéuticos significativos.

La disminución de la actividad de la RND también reduce la rumiación, común en muchos trastornos mentales. Al suavizar la autoidentificación rígida y permitir una visión más amplia del mundo y de uno mismo, los problemas personales y existenciales se perciben desde una nueva perspectiva, como si se viesen desde fuera, lo que ofrece una forma más saludable de entenderlos y procesarlos. Es similar al famoso «efecto perspectiva»[49] que sienten los astronautas cuando contemplan la tierra desde la inmensidad del espacio: esta visión les hace relativizar sus problemas y los conflictos humanos, evita que sientan que sus preocupaciones cotidianas son tan relevantes como para sufrir y que se centren en aspectos más importantes y reconfortantes de la existencia, lo que deja cambios perdurables en su perspectiva del mundo y de la vida. Los psicodélicos también pueden mostrar esto, pues la vida y los problemas terrenales son solo una pequeña realidad temporal ante la inmensidad de la existencia.

En palabras de Robin Carhart-Harris, exdirector del Centre for Psychedelic Research del Imperial College de Londres y uno de los científicos más importantes del ámbito psicodélico:

> El efecto de una terapia psicodélica exitosa es a menudo una revelación o epifanía. Las personas hablan de ser testigos del «panorama general», poner las cosas en perspectiva, acceder a una visión profunda de sí mismos y del mundo, liberar el dolor mental reprimido, sentirse física y emocionalmente recalibrados, clarividentes y ecuánimes.[50]

Aunque algunas de estas revelaciones pueden no implicar un impacto duradero, otras sí, y por eso es importante que, además de tener estas experiencias después de una buena preparación y en entornos seguros, se siga un proceso de integración psicológica que ayude a consolidar las nuevas perspectivas y los aprendizajes obtenidos de la experiencia, y a darles una utilidad terapéutica para el individuo. Es esencial recordar que el *set & setting* desempeña un papel crucial en cómo se desarrolla la experiencia psicodélica. Si bien es posible que sea difícil o desafiante y que provoque sentimientos de ansiedad o miedo, la mayoría de estas sensaciones son temporales. Aun así, siempre existe el riesgo de que una experiencia negativa pueda tener efectos adversos. Aunque estos casos son poco comunes en contextos bien preparados y controlados, cuando suceden, suelen resolverse bien con una buena integración profesional.

Sabemos que, más allá de lo que sucede en las neuronas y el cerebro, estas experiencias subjetivas y su trabajo posterior en terapia generalmente tienen un gran valor en su eficacia terapéutica. Lo han demostrado diversos estudios en los que se comparaba la eficacia de una misma dosis de una sustancia psicodélica, como puede ser la psilocibina, en diversas personas con depresión. Las que llegaban a vivir experiencias profundas, calificadas incluso como «místicas», tenían una mejoría mayor y más duradera que aquellas que, aun habiendo recibido una dosis idéntica o ajustada a su peso corporal, no llegaban a vivir una experiencia subjetiva tan intensa. Otros estudios en los que se administraban psicodélicos a personas en estado de sedación para evitar que viviesen o recordasen la experiencia y se comparaban sus resultados con pacientes que la habían vivido completa, corroboraban que ese viaje psicodélico intenso tenía una mejor respuesta terapéutica.

Por desgracia, en el paradigma biomédico y farmacológico actual, se tiende a menospreciar el valor de este tipo de experiencias subjetivas como simples alucinaciones carentes de utilidad en favor de centrarse en la parte farmacológica y neurológica de los psicodélicos como el principal mecanismo de acción terapéutica. Esto ha dado como resultado que muchas de las empresas farmacéuticas que están trabajando en el desarrollo de las terapias psicodélicas se lancen a desarrollar sustancias «pseudo-psicodélicas» sin efectos alucinógenos, lo que no está demostrando tanta eficacia al prescindir de su parte más psicológica y subjetiva, es decir, están creando psicodélicos que no producen viajes.

Un ejemplo de este menosprecio es la forma en la que se aprobó y se usa la esketamina para la depresión en el ámbito hospitalario, donde apenas se le da importancia a la experiencia psicodélica y se trata como un efecto secundario sin valor en el proceso terapéutico.

Neuroplasticidad, neurogénesis y sinaptogénesis

Por último, pero no menos importante, a los efectos temporales en el funcionamiento del cerebro y a la experiencia psicodélica vivida que ya hemos explicado, hay que añadir los efectos duraderos que pueden tener estas moléculas en la morfología de las neuronas y las redes neuronales del cerebro, a través de la activación de un proceso conocido como «neuroplasticidad», que facilita que se produzcan en los pacientes cambios perdurables más allá de las horas que dure el viaje.

La neuroplasticidad es la capacidad del cerebro y de sus redes para adaptarse y reorganizarse físicamente a lo largo de la vida como respuesta a experiencias, aprendizajes, lesiones o cambios en el entorno. Es una característica fundamental del sistema nervioso que permite que las neuronas modifiquen sus conexiones y patrones de actividad para permitirnos evolucionar, cambiar, aprender, sobreponernos, etc. Recordemos que toda la información que contiene el cerebro está almacenada en forma de conexiones y redes neuronales, y sus cambios son los que nos permiten evolucionar. Sin la neuroplasticidad, no podríamos vivir: el cerebro se quedaría tal y como llegamos al mundo, no aprenderíamos, no nos adaptaríamos, seríamos bebés toda la vida.

Por suerte, esta capacidad cerebral se mantiene activa durante toda la vida, pero lo cierto es que, con la edad, va perdiendo fuerza. En la infancia está más activa y es más importante para que aprendamos sobre el mundo que nos rodea y construyamos modelos, pero su capacidad es menor al llegar a la vejez, y de ahí la dificultad para aprender, cambiar, etc., de las personas mayores. Sin embargo, hay actividades que permiten mantener la neuroplasticidad activa a cualquier edad: practicar deporte, estimular la cognición, exponernos a nuevos ambientes y actividades, tener una rica vida social, estudiar...

Existen diversos tipos de neuroplasticidad que abarcan cambios estructurales (como la formación o eliminación de conexiones neuronales) y funcionales (fuerza de las conexiones o manera de comunicarse las neuronas entre sí). Por ejemplo, la formación de nuevas conexiones —sinaptogénesis— o el nacimiento de nuevas neuronas en el cerebro adulto —neurogénesis— se consideran procesos de neuroplasticidad. En contra de lo que el gran investigador Santiago Ramón y Cajal postuló hace más de un siglo, ahora sabemos que en el cerebro adulto sí siguen naciendo nuevas neuronas, pero son pocas y solo lo hacen en algunas regiones, como el hipocampo (encargado de la memoria) y el bulbo olfativo (responsable del sentido del olfato).

En estos últimos años, diversas investigaciones están demostrando que uno de los principales mecanismos de acción terapéutica de las drogas psicodélicas se basa en la activación de estos procesos de neuroplasticidad a través de la activación del famoso receptor 5-HT2A y otro conocido como TrkB, relacionado con la acción de una sustancia, llamada «factor de crecimiento neuronal derivado del cerebro» (BDNF), que actúa como fertilizante neuronal. La activación de estos receptores permite que las redes neuronales del cerebro se puedan reconfigurar, lo cual explicaría por qué las terapias asistidas con psicodélicos pueden conseguir cambios duraderos en pocas sesiones (y perduran meses o años) y otras terapias requieren mucho más tiempo y trabajo para lograrlos.

Por ejemplo, estudios recientes han encontrado que la DMT (el principal componente psicodélico presente en la ayahuasca) induce la neurogénesis en el cerebro de ratones adultos[51] y que una sola dosis de psilocibina en ratones deprimidos produce una mejoría en sus síntomas y un incremento de la cantidad de conexiones neuronales, es decir, un incremento de la sinaptogénesis.[52]

De un tiempo a esta parte se ha descubierto que hay otras drogas con capacidad de inducir neuroplasticidad en menor medida que los psicodélicos, pero que ya llevan décadas usándose para tratar la depresión sin saber que también activaban este mecanismo: nos referimos a los antidepresivos inhibidores de la recaptación de serotonina, como la famosa fluoxetina (Prozac®), la sertralina (Zoloft®) o la paroxetina (Pasil®). Siempre se pensó que estas sustancias mejoraban los síntomas depresivos al incrementar la concentración de serotonina en las conexiones neuronales, y de ahí se hipotetizó que la depresión se debía fundamentalmente a una falta de serotonina, ese importante neurotransmisor relacionado con el estado de ánimo, las emociones, el sueño, el apetito, etc. A esta teoría sobre la depresión como falta de serotonina u otros neurotransmisores se la bautizó como «hipótesis monoaminérgica», y ha dominado la comprensión y el tratamiento de esta enfermedad durante décadas.

Sin embargo, si nos basamos exclusivamente en ella, es difícil explicar por qué tanta gente no mejora al tomar antidepresivos, por qué tardan tanto en hacer efecto (semanas o meses) o por qué la psicoterapia sigue siendo tan importante para obtener resultados en pacientes que los toman. Si en vez de pensar que la depresión es una falta de serotonina la entendemos como un estado de tristeza y apatía asociado a una baja neuroplasticidad desadaptativa —dificultad para adaptarse a una realidad mutable, cambiar la forma de ver el mundo o romper un patrón de pensamiento patológico—, todo cobra más sentido. Al aumentar la concentración de serotonina en las sinapsis, los antidepresivos activarían algunos de los mismos receptores que usan los psicodélicos e incrementarían la neuroplasticidad cerebral, lo que permitiría que la persona se reconfigurase y readaptase. Los psicodélicos conseguirían algo parecido, pero con mayor eficacia, rapidez y profundidad.

Además, como hemos visto en el apartado anterior, esta capacidad de los psicodélicos de activar la neuroplasticidad, llamada «efecto psicoplastógeno»,* está abriendo la puerta a una interesante línea de investigación científica y desarrollo terapéutico orientada a tratar problemas neuronales en los que el cerebro podría beneficiarse de un incremento en su neuroplasticidad: prevención o tratamiento temprano de enfermedades neurodegenerativas (párkinson, alzhéimer y otras demencias), rehabilitación de accidentes cerebrovasculares (ictus, derrame cerebral…), traumatismos craneoencefálicos o los problemas neuronales de la COVID persistente. Estas líneas de

* Concepto utilizado para describir una clase de sustancias que aumentan la neuroplasticidad, es decir, la capacidad del cerebro para reorganizarse y formar nuevas conexiones neuronales. Los psicoplastógenos promueven la creación de nuevas sinapsis y fortalecen las conexiones existentes, lo que puede resultar en mejoras cognitivas, emocionales y conductuales.

investigación, si bien apenas están empezando a dar sus primeros pasos, pueden llegar a ser muy importantes en el futuro, dada la escasez actual de tratamientos eficaces para este tipo de problemas neurológicos.

Profundizar en el estudio de los mecanismos biomoleculares que hacen que las drogas psicodélicas activen la neuroplasticidad podría permitirnos desarrollar otras moléculas que lo hagan de forma más potente, segura y eficaz, o sin el efecto alucinógeno que, aunque parezca importante para tratar trastornos psicológicos como la depresión, podría no ser necesario para los neurológicos, en los que solo se necesita el efecto psicoplastógeno, es decir, que promueva la neuroplasticidad.

Pese a todo, no debemos caer en el error de pensar que la neuroplasticidad siempre es buena o deseable. Por ejemplo, el desarrollo de adicciones es un claro ejemplo de cuando es peligrosa si no se activa en un contexto adecuado, y esos cambios en el cerebro pueden ser dañinos si no se orientan en la dirección adecuada. Este es uno de los motivos por los que, en el uso de drogas psicodélicas en general y en la terapia psicodélica en particular, es tan importante la preparación, la intención, el cuidado del contexto, etc. Para que la neuroplasticidad sea positiva, debería ir acompañada siempre de un buen contexto.

Algunas dudas importantes que nos surgen en el estudio de los efectos de los psicodélicos es por qué tenemos en el cerebro receptores que, al activarlos, producen cambios temporales en su funcionamiento, experiencias psicodélicas, neuroplasticidad, etc., qué función cumplen en el día a día y por qué han sobrevivido a lo largo de la evolución del ser humano como especie.

¿Por qué la activación de los receptores 5-HT2A tiene todos estos efectos?

La función evolutiva del receptor 5-HT2A, clave para el efecto de los psicodélicos, sigue siendo un tema de debate entre los científicos. ¿Por qué el cerebro cuenta con un sistema preparado para inducir experiencias psicodélicas? ¿Qué utilidad puede tener? ¿Por qué nuestra serotonina no activa habitualmente este sistema? Aunque es un neurotransmisor que se libera en situaciones de estrés, al igual que las endorfinas lo hacen como respuesta al dolor, aún no está claro qué función puede tener para el funcionamiento o la supervivencia el hecho de que tengamos estos receptores 5-HT2A que la serotonina no suele activar.

Lo que sí sabemos es que está muy relacionada con cómo respondemos al entorno, ya sea en contextos sociales o en situaciones de estrés. En la infancia, el sistema de serotonina 5-HT2A es más activo, lo que podría explicar por qué de niños somos más abiertos y flexibles al aprendizaje y a las nuevas experiencias. A medida que crecemos, reduce su nivel de actividad. Las creencias y los patrones de pensamiento se asientan y se vuelven más rígidos, y filtran el mundo a través de las lentes de la experiencia previa, como hemos visto en páginas anteriores.

Una teoría interesante sugiere que la activación de estos receptores en la edad adulta podría funcionar como un botón de actualización del sistema en situaciones extremas en las que es crucial que los modelos mentales del mundo se actualicen rápidamente para adaptarse a las nuevas circunstancias. En momentos de alto estrés, como en las experiencias cercanas a la muerte (ECM), se ha observado un aumento de la serotonina y la DMT en el cerebro (sí, todos tenemos un poco de forma natural),[53] lo que podría relacionarse con este mecanismo de adaptación acelerada al conseguir que se activen en masa estos receptores 5-HT2A para que aprendamos rápido de los errores que nos han llevado a esa situación tan dramática y así no los repitamos en el futuro. ¿Te suena lo de ver una luz al final del túnel o ver pasar la vida ante los ojos? ¿Y lo de flotar lejos del cuerpo? Suena muy psicodélico, la verdad. Aunque aún es pura especulación, la idea ha sido explorada por investigadores como Rick Strassman, en su libro DMT: *The spirit molecule*.[54]

En conclusión, los psicodélicos representan una forma distinta de abordar los trastornos mentales, pues no se limitan a enmascarar los síntomas, sino que ayudan a «reconectar» con lo que verdaderamente ocurre en nuestro interior. A través de sus efectos sobre la química y la conectividad del cerebro, ponen en pausa, por así decirlo, nuestras creencias y patrones de pensamiento arraigados, dejando un espacio temporal para explorar nuevas perspectivas y recuerdos. Si se aprovecha adecuadamente ese margen —con la preparación, el acompañamiento terapéutico y el contexto apropiados—, se puede llegar a la raíz del problema, procesarlo y permitir que las experiencias que emerjan en el «viaje» se traduzcan en cambios reales y duraderos en la vida cotidiana.

Aunque aún estamos descifrando todos los mecanismos implicados, cada vez hay más evidencias de que estas sustancias pueden fomentar la neuroplasticidad, es decir, la capacidad del cerebro para remodelarse a largo plazo. Eso explica por qué, en algunos casos, logran resultados sorprendentes y sostenidos tras una o pocas sesiones, evitando la dependencia de un fármaco diario. No son, por supuesto, una varita mágica: utilizar psicodélicos con fines terapéuticos implica rigor, un entorno profesional adecuado y un proceso de integración posterior para dar sentido a la experiencia. Pero su potencial para cambiar la forma en que entendemos, sentimos y afrontamos nuestros problemas supone un emocionante cambio de paradigma en la salud mental y abre la puerta a nuevos y esperanzadores tratamientos.

TERCERA PARTE

Práctica psicodélica

7

Las principales sustancias psicodélicas

La información es poder, pero, en el caso de las drogas, también es salud. En este capítulo vamos a ver las principales características de las distintas sustancias psicodélicas para abordar después cómo se utilizan y minimizan sus riesgos en diversos contextos, como el terapéutico, el espiritual o el recreativo.

Dado que este capítulo puede hacer las veces de fichas de consulta, también resume parte de la información que ya hemos visto al principio y que veremos al final del libro: efectos, usos, riesgos, historia, legalidad, etc.

Psilocibina

La psilocibina (también llamada 4-PO-DMT) es una sustancia psicodélica natural que se encuentra en diversas especies de hongos llamados «hongos mágicos/alucinógenos» o «trufas alucinógenas». Al consumirla, el cuerpo convierte esta molécula en psilocina, el compuesto que produce los efectos psicoactivos en el cerebro. La psilocibina, como todos los psicodélicos, es famosa por inducir alteraciones en la percepción, cambios en el estado de ánimo y experiencias profundamente introspectivas o espirituales. Se considera un psicodélico clásico, en algunos aspectos similar a sustancias como el LSD, pero por lo general más suave y de menor duración. Tiene un bajo perfil de toxicidad y adictividad, aunque puede presentar riesgos psicológicos.

En los últimos años ha ganado notoriedad por su potencial terapéutico en el tratamiento de trastornos como la depresión, la ansiedad y las adicciones.

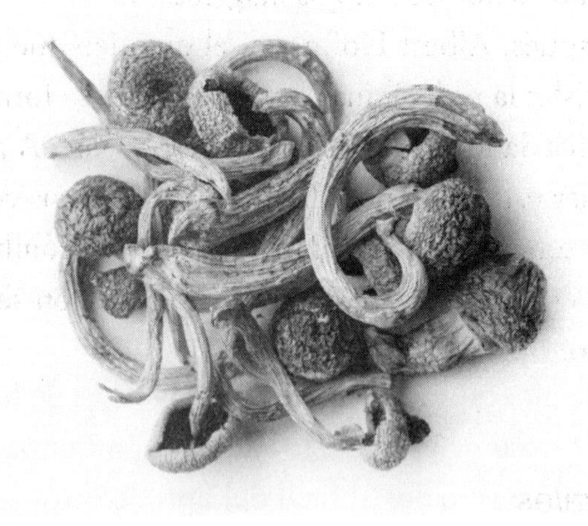

Figura 26. Setas *Psilocybe cubensis* secas, conocidas popularmente como «setas mágicas» o «setas alucinógenas». Uno de los psicodélicos más populares. Fuente: Shutterstock / CYAM.

Origen e historia

La psilocibina tiene un origen natural y se encuentra en más de ciento ochenta especies de hongos, sobre todo del género *Psilocybe*, que crecen en varias zonas del mundo, en especial en regiones tropicales y subtropicales. Durante siglos, diversas culturas indígenas de América Central y del Sur los han utilizado en rituales espirituales y de sanación.

Los primeros registros del uso de estos hongos datan de las civilizaciones precolombinas, como los aztecas, que los llamaban *teo-*

nanácatl, «carne de los dioses». Estos pueblos los usaban en ceremonias religiosas para conectar con lo divino y obtener visiones.

En la década de 1950, la psilocibina llamó la atención del mundo occidental cuando el banquero y etnomicólogo* R. Gordon Wasson viajó a México junto a su esposa, Valentina Pavlovna Wasson, y participó en una ceremonia chamánica con hongos. Este viaje y sus descubrimientos fueron publicados en la revista *Life*, lo que despertó un gran interés por los hongos mágicos.

Poco después, Albert Hofmann, el químico que descubrió el LSD, logró aislar la psilocibina y sintetizarla en su forma pura, que la farmacéutica Sandoz patentó como Indocybin®. A partir de ahí, comenzó a ser estudiada por científicos y médicos como posible herramienta terapéutica. Sin embargo, con la prohibición de los psicodélicos en la década de 1970, la investigación se detuvo casi por completo.

Usos actuales

Actualmente, la psilocibina está siendo investigada por su potencial en el tratamiento de una gran variedad de trastornos mentales. Los estudios clínicos están demostrando que la terapia asistida con psilocibina puede ser efectiva para tratar la depresión resistente, la ansiedad en pacientes con cáncer terminal, las adicciones y el TEPT. Estos estudios se están llevando a cabo en centros de prestigio, como la Universidad Johns Hopkins y el Imperial College de Londres.

Además de sus usos terapéuticos, en algunas comunidades indígenas sigue siendo utilizada en ceremonias espirituales y ha sido adoptada en contextos modernos por personas que buscan expe-

* Persona que estudia la relación entre los seres humanos y los hongos desde perspectivas culturales, antropológicas, históricas y científicas.

riencias de autodescubrimiento o crecimiento espiritual. También se consume en entornos recreativos y festivales.

Formatos

Al ser un compuesto natural que se encuentra en los hongos (setas o trufas), suele consumirse en su forma original —hongos frescos o deshidratados— o se preparan infusiones o tés con estos hongos para facilitar la ingesta, también mezclándolos con zumo de limón, bebida conocida como *lemon tek*.

También se han desarrollado formulaciones sintéticas de psilocibina pura que están siendo usadas en ensayos clínicos.

Farmacología

Cuando se ingiere, la psilocibina llega al hígado y, rápidamente, se convierte en psilocina, la molécula que pasa al cerebro e interactúa con los receptores de serotonina 5-HT2A, entre otros. Su interacción genera efectos psicodélicos: alteraciones en la percepción visual, pensamiento abstracto y experiencias emocionales intensas. La psilocibina suele invitar más a la introspección y a moverse poco, a diferencia de otros psicodélicos como el LSD que tienden a producir más ganas de moverse y explorar, aunque esto dependerá mucho del *set & setting*.

La estructura de la psilocina es similar a la de la serotonina, lo que explica su capacidad para influir en los circuitos neuronales relacionados con el estado de ánimo, el pensamiento y la percepción. Una vez ingerida, sus efectos duran horas antes de que el cuerpo la elimine.

Dosificación

La cantidad de psilocibina que contiene una seta puede variar entre las diferentes especies o entre distintos ejemplares de la misma según sus condiciones de crecimiento, pero suele oscilar entre el 0,6 y el 2 por ciento de su peso seco como podemos ver en la siguiente tabla[55] de un análisis por especies. Por lo general, se encuentra cerca del 1 por ciento de peso seco en las setas *Psilocybe cubensis*, que son las más habituales.

Especie	**Porcentaje de psilocibina en peso de seta seca**
Panaeolus/Copelandia cyanescens	2,51
Psilocybe azurescens	1,78
Psilocybe semilanceata	0,98
Psilocybe cyanescens	0,85
Psilocybe tampanensis (trufas)	0,68
Psilocybe cubensis	0,63

La dosificación depende en gran medida de la intensidad que se busque, la experiencia previa de la persona, el contexto y la tolerancia. Para alguien que consume psilocibina por primera vez, una dosis media-baja de 1,5-2 gramos de hongos *Psilocybe* secos (el equivalente a 10-15 gramos de trufas) suele ser suficiente para obtener efectos perceptibles sin que abrumen. Esta dosis puede provocar una ligera alteración de la percepción sensorial y cambios en el estado de ánimo, pero sin llegar a ofrecer una experiencia completa de viaje.

Una dosis media-alta, 2-4 gramos de setas secas (el equivalente a 15-30 gramos de trufas) es más típica para una experiencia psicodélica completa. En esta dosis, la persona puede experimentar intensas visualizaciones, cambios profundos en el pensamiento y una fuerte conexión emocional con sus ideas o con el entorno. Las dosis que superan los 4 gramos (altas) son capaces de inducir experiencias más intensas y, en algunos casos, que se perciban como místicas o trascendentales, pero también pueden aumentar el riesgo de ansiedad, malos viajes o sensaciones incómodas durante la experiencia.

Dosis	**Setas *Psilocybe cubensis* secas (consumo oral, en gramos)**	**Psilocibina pura (en miligramos)**
Microdosis	< 0,25	< 3
Mínima psicoactiva	0,25-0,5	3-6
Baja	0,5-1	6-10
Media	1-3	10-20
Alta	3-5	20-35
Muy alta	> 5	> 35

Duración de los efectos

Los efectos de la psilocibina suelen comenzar entre veinte y sesenta minutos tras la ingesta, pero esta latencia depende de diversos factores, como si se han consumido con el estómago vacío o lleno, o si se ha tomado la seta mascada o en forma de *lemon tek*. Luego llega una fase de subida, que puede durar entre quince y treinta minutos, que culmina en el pico y la meseta de la experiencia, cuando los efectos son más intensos. Suele alcanzarse entre dos y tres horas después del consumo.

En total, la experiencia psicodélica con psilocibina dura entre cuatro y seis horas, aunque algunas personas pueden seguir sintiendo efectos residuales más leves durante horas o hasta el día siguiente, como mayor introspección, positividad o sensación de calma, conocida como *afterglow*. A diferencia de otras drogas no psicodélicas, la psilocibina no suele dejar una resaca significativa.

Duración de cada fase	**Psilocibina oral**
Duración total	4-6 horas
Absorción/latencia	20-60 minutos
Subida	15-30 minutos
Meseta	2-3 horas
Bajada	1-3 horas
Residual/*afterglow*	6-12 horas

Riesgos específicos

Todas las drogas —legales, médicas o ilegalizadas— entrañan riesgos. La psilocibina, como es un psicodélico clásico que actúa fundamentalmente en los receptores de serotonina, apenas tiene riesgos para el cuerpo; sus riesgos son sobre todo psicológicos.

En el plano físico, su nivel de toxicidad es bajo (no conocemos su dosis letal en humanos porque nunca se ha producido una sobredosis de este tipo) y carece de potencial adictivo relevante, aunque puede llegar a producir pequeñas elevaciones de la tensión arterial y el ritmo cardiaco —por lo que se desaconsejan en personas con enfermedad cardiovascular—, así como mareos, vómitos e incluso dolor de cabeza, como todos los psicodélicos. Los hongos son más propensos a producir mareo o náuseas, sobre todo si se consumen crudos (no en infusión) y con el estómago lleno. Además, haber comido antes de tomarlos puede atenuar en gran medida los efectos deseados de la psilocibina, por lo que suele consumirse después de ayunar, al menos, entre cuatro y seis horas. Para reducir las náuseas y acelerar la absorción, hay quienes optan por el *lemon tek*. Combinar la psilocibina con otras drogas y medicamentos, en especial tramadol y litio, puede aumentar el riesgo de sufrir convulsiones o complicaciones graves.

Los principales riesgos de la psilocibina están en el plano psicológico: es capaz de producir experiencias difíciles —«malos viajes»—, caracterizadas por ansiedad, confusión o miedo intenso, sobre todo en personas que no se hayan preparado para la experiencia o la tomen en contextos inadecuados o sin supervisión. A pesar de que estas experiencias pueden ser perturbadoras, si después se gestionan correctamente, rara vez tienen efectos duraderos o traumáticos.

El mayor riesgo de la psilocibina —como el de la mayoría de los psicodélicos clásicos— es que puede desencadenar episodios de psicosis, esquizofrenia o bipolaridad en personas con antecedentes personales o familiares de enfermedad psiquiátrica, aunque la probabilidad de que se produzcan es, por suerte, baja. En raras ocasiones puede provocar un efecto temporal conocido como «trastorno perceptivo persistente por alucinógenos» o *flashback*, que es capaz de prolongar la alteración sensorial durante días.

Otros riesgos son la desorientación o los accidentes durante el viaje: la percepción espaciotemporal y la coordinación pueden verse alteradas de forma drástica y propiciar, si la persona no está en un entorno seguro y vigilado, comportamientos peligrosos, como conducir o caerse.

Podrás leer más sobre sus riesgos, y cómo reducirlos, en el capítulo 8.

Aspectos legales

En la actualidad, la psilocibina es ilegal en la mayoría de los países, incluido España, que la clasifica como sustancia prohibida en concordancia con los tratados internacionales de fiscalización de sustancias de los que es un país firmante. Esto significa que su posesión, venta o cultivo está castigado por la ley. Sin embargo, su estatus legal no está tan claro cuando se encuentra en forma de setas o trufas, ya que en muchos casos judiciales no las han equiparado legalmente con la psilocibina que contienen.

En los últimos años ha habido un creciente movimiento en favor de su despenalización, en especial para uso terapéutico. Algunos países y ciudades, como Oregón, Australia o Países Bajos, han comenzado a legalizar o despenalizar su uso en contextos específicos, como en clínicas controladas o para el consumo personal en pequeñas cantidades. Se espera que, a medida que avancen las investigaciones, otros países revisen su estatus legal.

Investigación científica

En los últimos años, la psilocibina ha sido objeto de un interés creciente por parte de la comunidad científica. Investigaciones realizadas por instituciones como la Universidad Johns Hopkins y el Imperial College de Londres han demostrado que puede ser un tratamiento eficaz para la depresión resistente, la ansiedad, adicciones y el TEPT.

Estos estudios han encontrado que incluso una única dosis combinada con psicoterapia puede tener efectos duraderos en la mejora del estado de ánimo y la salud mental. Además, ha demostrado ser útil para reducir la ansiedad y el miedo a la muerte en pacientes con cáncer terminal, ayudándoles a aceptar su situación y a vivir sus últimos meses con mayor positividad y tranquilidad.

LSD

El LSD (dietilamida del ácido lisérgico) es un psicodélico semisintético de los más conocidos y poderosos, famoso por sus profundos efectos sobre la percepción, el estado de ánimo y la conciencia. Conocido en la actualidad como «ácido», «tripi», Lucy o *blotter*, fue sintetizado por primera vez en 1938 por el químico suizo Albert Hofmann, que accidentalmente descubrió sus potentes efectos en 1943. Desde entonces, ha sido tanto objeto de investigación científica como símbolo de la contracultura de los años sesenta, y sigue siendo una de las sustancias psicodélicas más estudiadas.

El LSD es potentísimo: dosis muy pequeñas son suficientes para inducir estados alterados de la conciencia que pueden durar muchas horas. Sus efectos incluyen distorsión visual, sensación de sinestesia (mezcla de sentidos) y cambios profundos en el pensamiento y la percepción del tiempo. En dosis altas, puede producir experiencias místicas o trascendentales.

Figura 27. El LSD se suele distribuir en forma de papeles secantes impregnados, conocidos como *blotters*, y que tienen diseños diversos. Fuente: Shutterstock / svtdesign.

Origen e historia

El LSD fue sintetizado por primera vez en los laboratorios Sandoz (Suiza) por el químico Albert Hofmann mientras buscaba compuestos para estimular la respiración y la circulación. Sin embargo, no mostró un uso terapéutico inmediato. No fue hasta cinco años después, en 1943, que Hofmann, al exponerse por accidente a una pequeña cantidad, experimentó sus efectos psicodélicos. Días más tarde decidió tomar una minidosis para estudiarlos.

A partir de ahí, el LSD captó la atención de científicos y psiquiatras, que comenzaron a investigar su potencial en la psicoterapia y el tratamiento de trastornos mentales como la depresión, la ansiedad y el alcoholismo. Durante las décadas de 1950 y 1960, fue muy estudiado, pero también fue adoptado por movimientos contraculturales, en especial en los años sesenta, y se asoció con el movimiento hippy y la exploración de la conciencia.

Sin embargo, su creciente uso recreativo a finales de la década, junto con la preocupación sobre su seguridad e impacto social, provocaron que se prohibiera en muchos países. A pesar de esto, sigue siendo uno de los psicodélicos más populares.

Usos actuales

Aunque es ilegal en la mayoría de los países, incluido España, ha habido un renacimiento en la investigación sobre sus usos médicos y terapéuticos. Estudios recientes han demostrado que puede ser útil para tratar diversos trastornos mentales, como la depresión, la ansiedad, el TEPT y las adicciones.

El LSD también se ha utilizado en estudios sobre la «muerte del ego», una experiencia en la que las barreras entre el yo y el mundo exterior parecen desaparecer. Puede ayudar a superar traumas emocionales, así como o a tener nuevas perspectivas sobre la vida.

Sigue siendo popular en contextos recreativos, aunque menos que en décadas anteriores. A menudo lo consumen personas que buscan experiencias psicodélicas profundas, ya sea en festivales de música, encuentros privados o la naturaleza, donde las distorsiones sensoriales y las percepciones intensificadas se combinan con el entorno.

Formatos

Se puede encontrar en varios formatos: pequeños trozos de papel secante impregnados con un líquido que contiene entre 50 y 200 microgramos de LSD (*blotters*), diluido en un líquido dentro de un gotero o contenido en la matriz de gelatinas, gominolas y pequeñas bolitas llamadas «micropuntos» (no confundir con microdosis).

El formato más común es el *blotter*: suele llevar impreso un diseño llamativo o colorido, reconocible en contextos recreativos. Cuando el LSD está diluido en forma líquida, se administra con un gotero sobre la lengua o las gotas se impregnan en un terrón de azúcar.

De un tiempo a esta parte se han popularizado en diversos círculos las microdosis de LSD, que contienen dosis subperceptuales (unos 10 microgramos), por sus supuestos beneficios en la mejora del estado de ánimo, la creatividad y la neuroplasticidad sin llegar a producir alteración sensorial o un viaje.

Farmacología

El LSD es una de las sustancias psicoactivas más potentes que existen: sus dosis no se miden en gramos, ni en miligramos, sino en microgramos —es decir, millonésimas de gramo—, y bastan 50 para empezar a producir enormes efectos. A nivel farmacológico, actúa en el cerebro, sobre los receptores de serotonina 5-HT2A fundamentalmente, relacionados con la experiencia psicodélica.

También afecta ligeramente a otros sistemas de neurotransmisores, como la dopamina, lo que puede explicar algunas de las alteraciones específicas de esta sustancia en el estado de ánimo y el comportamiento. Su efecto invita más a la exploración externa y a moverse que si se toman otros psicodélicos, como la psilocibina, aunque dependerá mucho del *set & setting* concreto. Este compuesto se metaboliza en el hígado, y sus efectos duran entre ocho y doce horas, mucho más que otras sustancias psicodélicas.

Un dato curioso es que el LSD y la psilocibina son de las sustancias psicoactivas más seguras en términos de toxicidad física. Las dosis letales en humanos son muy altas, casi inalcanzables a través del consumo recreativo, por lo que no se han dado casos.

Dosificación

La dosificación es clave para determinar la intensidad de la experiencia. Se mide en microgramos y, debido a la potencia de esta sustancia, incluso pequeñas variaciones pueden producir efectos muy diferentes.

Dosis	**LSD oral (en microgramos)**
Microdosis	8-12
Mínima psicoactiva	15-25
Baja	25-75
Media	75-150
Alta	150-250
Muy alta	> 250

Independientemente de la dosis, la mentalidad de quien consume y el contexto en el que se consume (*set & setting*) tienen un gran impacto en la calidad de la experiencia.

Duración de los efectos

El LSD es conocido por la larga duración de sus efectos, que pueden extenderse hasta doce horas, según la dosis. Tras la ingesta, los primeros suelen comenzar a los quince o treinta minutos. La experiencia llega a su punto máximo de dos a cuatro horas después, y los efectos pueden dilatarse varias horas más.

La duración de la experiencia puede variar, pero es común que la bajada (cuando los efectos empiezan a disminuir) sea de entre cuatro y seis horas. Sin embargo, es importante señalar que algunas personas pueden sentir efectos residuales al día siguiente o más allá, como sensación de introspección, positividad o claridad, conocido como *afterglow*.

Tiempos	**LSD oral**
Duración total	8-12 horas
Absorción/latencia	15-30 minutos
Subida	45-90 minutos
Meseta	2-4 horas
Bajada	4-6 horas
Residual/*afterglow*	12-48 horas

Riesgos específicos

Todas las drogas —legales, médicas o ilegalizadas— entrañan riesgos. El LSD, al igual que la psilocibina, es un psicodélico clásico que actúa fundamentalmente en los receptores de serotonina y apenas tiene riesgos para el cuerpo, de modo que estos son sobre todo psicológicos y están explicados en el apartado de la psilocibina.

Además, en el caso específico del LSD existe el riesgo de adulteración o sustitución por otras sustancias más potentes y tóxicas. Para minimizar este peligro, es crucial adquirir LSD de proveedores conocidos y analizarlo siempre en servicios de análisis de drogas para la reducción de riesgos, como los de Energy Control.

Podrás leer más sobre sus riesgos, y cómo reducirlos, en el capítulo 8.

Aspectos legales

En la mayoría de los países, el LSD se considera una sustancia ilegal, y está prohibido su uso, posesión, producción y distribución. En España, se ha clasificado como droga de lista I, lo que significa que es muy peligrosa y sin un uso médico reconocido. El tráfico o la posesión conllevan penas severas.

No obstante, el interés por su uso terapéutico ha ido en aumento. En algunos lugares se están llevando a cabo investigaciones para explorar su potencial en el tratamiento de trastornos mentales. Si bien es poco probable que se legalice a corto plazo para uso recreativo, esto podría llevar a un cambio en su estatus legal dentro del contexto médico.

Investigación científica

En los últimos años ha habido un renacimiento en el interés por estudiar el LSD con fines médicos. Investigaciones recientes se centran en su uso para tratar la ansiedad, la depresión y la adicción. Algunos resultados preliminares son prometedores: muestran que, en un entorno controlado y combinado con la terapia, puede ayudar a confrontar traumas y modificar patrones de pensamiento negativos, incluso a abandonar adicciones.

DMT y ayahuasca

La DMT (siglas de N,N-Dimetiltriptamina) es un potente compuesto psicodélico que se encuentra de forma natural en varias plantas y en algunos animales en pequeñas cantidades, entre ellos el ser humano. Es famosa por producir experiencias psicodélicas extremadamente intensas, pero de corta duración si se consume en su forma pura vaporizada. Se conoce como «molécula espiritual» (*spirit molecule*) debido a la profundidad de las experiencias que induce, las cuales a menudo incluyen visiones de seres o entidades y sensaciones de trascendencia y contacto con dimensiones desconocidas.

Es el principal componente psicoactivo de la ayahuasca (también llamada *yagé* o *caapi*), una bebida tradicional amazónica utilizada en rituales chamánicos y ceremonias espirituales de algunos pueblos nativos de Bolivia, Brasil, Colombia, Ecuador, Perú y Venezuela. En las últimas décadas, su uso ceremonial y terapéutico se ha extendido por todo el mundo gracias al renacimiento psicodélico. La ayahuasca combina plantas que contienen DMT con otras que inhiben su rápida descomposición en el cuerpo, lo que prolonga y amplifica sus efectos. A diferencia de la DMT pura, que ofrece un viaje intenso y breve, la ayahuasca proporciona una experiencia mucho más larga: puede durar entre cuatro y seis horas.

Figura 28. La ayahuasca es una mezcla de diferentes plantas amazónicas, entre las que se incluye *Psychotria viridis* (que aporta la DMT) y *Banisteriopsis caapi* (que aporta los inhibidores de la MAO). Fuente: Shutterstock / Talita Santana Campos.

Origen e historia

La DMT fue sintetizada por primera vez en un laboratorio en 1931 por el químico canadiense Richard H. F. Manske, aunque en ese momento su descubrimiento no tuvo mucho impacto. En la década de 1950, el psiquiatra Stephen Szára comenzó a investigar sus efectos en el ser humano y descubrió que este compuesto se encontraba en muchas especies de plantas de todo el mundo, y que incluso era producido de forma natural por el cuerpo humano.

La ayahuasca, sin embargo, tiene una historia mucho más antigua. Se usa desde hace siglos, quizá milenios, por parte de diversas culturas indígenas de la región amazónica. Estas tribus la utilizan en ceremonias espirituales y curativas, a menudo guiadas por chamanes o curanderos. La bebida se prepara combinando varias plantas, sobre todo dos, como son la *Banisteriopsis caapi* (liana de ayahuasca) y otra que contiene DMT, por lo general *Psychotria viridis*, además de otras muchas.

En el siglo XX, la ayahuasca comenzó a conocerse fuera de la región amazónica, primero por parte de antropólogos y luego por turistas espirituales que buscaban experiencias místicas. En los últimos años, su popularidad ha crecido dentro del contexto de los retiros espirituales y terapéuticos, expandiéndose más allá de la cuenca amazónica y llegando a todo el mundo.

Usos actuales

La DMT, en su forma pura, se consume en contextos recreativos o espirituales. Por lo general, se vaporiza o se fuma, lo que provoca un viaje intenso pero muy corto que suele durar entre diez y veinte minutos. Durante ese tiempo, los usuarios suelen tener experiencias visuales muy vívidas, con patrones geométricos complejos, y la sensación de ser transportados a otras realidades, universos o dimensiones. Muchas personas reportan encuentros con entidades o seres, lo que ha llevado a que algunos la consideren una buena herramienta para explorar estados profundos de la conciencia.

Por su parte, la ayahuasca casi siempre se consume en contextos rituales o terapéuticos. Las ceremonias de ayahuasca, dirigidas por chamanes, son comunes en países como Perú, Brasil y Colombia, aunque se han propagado a otras partes del mundo. En estos rituales, los participantes beben ayahuasca con la intención de sanar heridas emocionales, obtener claridad sobre la vida o conectar con lo divino o la naturaleza. La experiencia suele ser mucho más larga y lenta que con DMT pura, y las visiones pueden ser tanto reveladoras como desafiantes, a menudo llenas de elementos naturales y selváticos. Habitualmente sus efectos vienen acompañados de un proceso de purga física y emocional (vómitos y diarrea).

Mientras que su uso tradicional persiste, su empleo en contextos más occidentalizados ha ganado notoriedad de un tiempo a esta parte, llegando a glamurizarse. Algunas de las personalidades del mundo anglosajón que han hablado abiertamente de ello en los últimos años son Will Smith, Megan Fox, Sting, Gwyneth Paltrow, el príncipe Harry...

Formatos

En su forma pura, la DMT suele encontrarse en forma de cristales o de polvo blanco o amarillento que se fuma o vaporiza. Se sintetiza a nivel químico o se extrae de plantas como la *Mimosa hostilis*. Debido a su potencia, las dosis son pequeñas, por lo general de 20-40 miligramos.

La ayahuasca, en cambio, se consume como bebida preparada a partir de la cocción prolongada de diversas plantas.

Farmacología

La DMT —como la psilocibina y el LSD— es un psicodélico clásico que actúa sobre los receptores de serotonina en el cerebro, en concreto en los 5-HT2A y otros. Esta interacción es responsable de las intensas experiencias visuales y los profundos cambios en la percepción que induce. Sin embargo, a diferencia de otras sustancias psicodélicas, la DMT es degradada con rapidez en nuestro cuerpo por la monoaminooxidasa (MAO), lo que explica por qué sus efectos son tan breves si se inhala o no llega a hacer efecto si se ingiere de forma aislada. También interactúa con otros receptores, como Sigma1, lo que le confiere un extra en la neuroplasticidad neuronal.

En la ayahuasca, la presencia de inhibidores de la MAO en la liana *Banisteriopsis caapi* impide que el cuerpo degrade la DMT de inmediato, lo que permite que llegue al cerebro y que los efectos se prolonguen durante horas. En este tiempo, interactúa con los receptores cerebrales, lo que da lugar a visiones y profundas experiencias emocionales y espirituales.

Estos inhibidores de la MAO se usan en la medicina occidental desde hace mucho tiempo. De hecho, se consideran los primeros antidepresivos, descubiertos por accidente cuando, en los años cincuenta, se observó que la iproniazida, un tratamiento para la tuberculosis con efecto inhibidor de la MAO, hacía que los enfermos se pusieran de buen humor e incluso bailasen en la cama.

En esta combinación de la molécula de la DMT con inhibidores de la MAO reside uno de los principales ingenios de la ayahuasca. De no ser por estos inhibidores, las MAO del cuerpo destruirían la DMT y no le permitirían actuar por vía oral ni desencadenar sus efectos psicodélicos. Por tanto, farmacológicamente hablando estamos ante una muy sabia combinación, fruto quizá de la sabiduría ancestral de los pueblos que la consumen y que debieron llevar a cabo un largo proceso de ensayo y error hasta descubrir este efecto combinado.

A lo largo de la historia, pero sobre todo en estos últimos años, fruto del ingenio de diferentes psiconautas y de la propia industria, han surgido formas no tradicionales de ayahuasca que, si bien no pueden considerarse ayahuasca estrictamente hablando, juegan con las sinergias entre la DMT y los inhibidores de la MAO para producir profundos efectos psicodélicos. Además de tener utilidad clínica, podrían ayudar a resolver algunos inconvenientes de la investigación con el brebaje tradicional. Algunos ejemplos de ello son:

- **Ayahuasca** en pastillas, desarrollada por la industria farmacéutica.
- **Farmahuasca:** mezcla casera de DMT (por lo general, extracto de *Mimosa hostilis*) con inhibidores de la MAO, que se vende en farmacias.
- **Mimosahuasca:** preparación elaborada a partir de la corteza de la raíz de la jurema negra (*Mimosa hostilis* o *tenuiflora*), rica en DMT, combinada con *Banisteriopsis caapi* o ruda siria (*Peganum harmala*) como fuente de inhibidores de la MAO.
- **Acaciahuasca:** preparación elaborada a partir de *Acacia maidenii*, *Acacia obtusifolia* u otras acacias (ricas en DMT) combinada con *Banisteriopsis caapi* o ruda siria (*Peganum harmala*) como fuente de inhibidores de la MAO.
- **Changa:** combinación de DMT con plantas secas que contienen inhibidores de la MAO. Esta mezcla, en vez de beberse o comerse, se fuma. Al calentarse y vaporizarse, la DMT entra por vía pulmonar y puede producir un efecto instantáneo sin necesidad de incluir inhibidores de la MAO. Sin embargo, como los hay, el efecto se prolonga y es más intenso que el de la ayahuasca. Se parece al de la DMT vaporizada, pero es más duradero.

Dosificación

En el caso de la DMT pura, las dosis varían entre 20 y 40 miligramos cuando se vaporiza o se fuma, cantidad suficiente para inducir una experiencia completa. Dosis más bajas pueden provocar efectos menos intensos, mientras que si son más altas pueden sumergir al usuario en una experiencia muy profunda, a menudo descrita como disolución del ego, viaje astral o sensación de estar en otra realidad.

Dosis	DMT vaporizada (en miligramos)
Mínima psicoactiva	2
Baja	10
Media	20
Alta	40
Muy alta	60

Con la ayahuasca, la dosificación es más variable; depende del chamán o facilitador de la ceremonia. Por lo general, se bebe una cantidad inicial en una copita de barro o madera, seguida de dosis adicionales según las necesidades de la persona. La cantidad efectiva depende de la potencia de la preparación y de la sensibilidad individual a la DMT. La experiencia completa suele durar entre cuatro y seis horas, aunque algunas pueden extenderse hasta ocho horas.

Existen muchas plantas que contienen DMT. Algunas de ellas y sus concentraciones son las siguientes:

Contenido de DMT en las plantas	Porcentaje de DMT en peso seco
Jurema (*Mimosa hostilis*)	1,7 en la corteza de la raíz
Chacruna (*Psychotria viridis*)	0,1-0,6 en las hojas
Yopo (*Anadenanthera spp.*)	0,16 en las vainas, junto con 7,4 de bufotenina y 0,04 de 5-MeO-DMT
Caña de río (*Arundo donax*)	0,0057 junto con 0,0023 de 5-MeO-MMT y 0,026 de bufotenina
Mimosas de pradera (*Desmanthus illinoensis*)	0,34 en la corteza de la raíz
Chagropanga (*Diplopterys cabrerana*)	1,3 y pequeñas cantidades de 5-MeO-DMT, bufotenina y metiltriptamina

Alpiste (*Phalaris aquatica*)	0,1, 0,2 de 5-MeO-DMT y 0,005 de bufotenina
Cinta (*Phalaris arundinacea*)	0,12
Phalaris tuberosa	0,02
Salparni (*Desmodium gangeticum*)	0,057 en la raíz y las hojas

Duración de los efectos

La DMT, cuando se vaporiza en forma pura, tiene una de las duraciones más cortas entre los psicodélicos. Los efectos comienzan casi de inmediato, alcanzan su punto máximo en unos minutos y desaparecen en torno a un cuarto de hora. Sin embargo, aunque es breve, la experiencia puede sentirse atemporal, dada la intensidad de las visiones y sensaciones.

La ayahuasca, al ingerirse como bebida, tiene un inicio mucho más lento. Los efectos comienzan entre treinta y sesenta minutos después del consumo, alcanzan su punto máximo alrededor de las dos horas y pueden durar entre cuatro y seis en total. Durante ese tiempo, los participantes pueden experimentar ciclos de visiones, introspección profunda, purgas emocionales y físicas (vómitos, diarrea, etc.), y una conexión intensa con sus pensamientos y sentimientos.

Tiempos	**DMT vaporizada**	**Ayahuasca oral**
Duración total	5-20 minutos	4-6 horas
Absorción/latencia	20-40 segundos	30-60 minutos
Subida	1-3 minutos	30-45 minutos
Meseta	2-8 minutos	1-2 horas
Bajada	1-6 minutos	1-2 horas
Residual/*afterglow*	10-60 minutos	1-8 horas

Riesgos específicos

Todas las drogas —legales, médicas o ilegales— entrañan riesgos. La DMT, al igual que la psilocibina, es un psicodélico clásico que actúa fundamentalmente en los receptores de serotonina y apenas tiene riesgos para el cuerpo, aunque puede llegar a tener mucha potencia, por lo que sus riesgos son sobre todo psicológicos y están explicados en el apartado de la psilocibina.

En el caso específico de la DMT existen riesgos añadidos como quemarse con la pipa en la que se vaporiza, caerse al suelo si se consume de pie o el riesgo añadido de adulteración o sustitución por otras sustancias más potentes y tóxicas. Para minimizar este peligro, es crucial adquirir la DMT de proveedores conocidos y analizarlo siempre en servicios de análisis de drogas para la reducción de riesgos, como los de Energy Control.

La ayahuasca, en cambio, como contiene inhibidores de la MAO, tiene más riesgos que los psicodélicos clásicos, sobre todo a dosis altas o si la consume alguien con enfermedad cardiovascular. También puede producir reacciones graves si se mezcla con ciertos medicamentos, drogas o alimentos que interactúan con ella, como los antidepresivos, los estimulantes o los alimentos ricos en tiramina (como las bebidas fermentadas, los quesos curados o el salami). Por eso la dieta que se sigue antes y después de la toma de ayahuasca no solo tiene un valor espiritual, sino también desde el punto de vista médico.

Además, con la ayahuasca, se pueden producir importantes purgas físicas (vómitos y diarrea), comunes durante las ceremonias. Aunque se consideran parte del proceso de curación, pueden ser físicamente agotadoras y emocionalmente intensas.

Podrás leer más sobre sus riesgos, y cómo reducirlos, en el capítulo 8.

Aspectos legales

La DMT es una sustancia ilegal en la mayoría de los países, incluyendo España, donde está clasificada como una sustancia controlada. Su posesión, distribución o uso pueden conllevar sanciones legales severas.

Sin embargo, la situación legal de la ayahuasca es más compleja. En algunos países sudamericanos —como Perú y Colombia— es legal, y se usa en ceremonias tradicionales. En Brasil, su uso está protegido por cuestiones religiosas, y su consumo es legal en contextos espirituales. En otros, su estatus legal es ambiguo. En España, por ejemplo, la posesión de ayahuasca no está prohibida, aunque la DMT que contiene sigue siendo ilegal; esto da lugar a que se produzcan algunas detenciones relacionadas con su tenencia y tráfico, pero rara vez terminan en condenas.

Investigación científica

En los últimos años, la investigación sobre la DMT y la ayahuasca ha crecido de forma exponencial. La primera está siendo estudiada por su potencial terapéutico, sobre todo como un inductor de la neuroplasticidad. Por su parte, diversos estudios han demostrado que la ayahuasca puede tener efectos seguros, eficaces y beneficiosos en el tratamiento de la depresión, la ansiedad, las adicciones y el TEPT.

Asimismo, contrasta la enorme popularidad y visibilidad de la ayahuasca con el escaso interés que parece estar despertando en forma de ensayos clínicos farmacéuticos para impulsar su uso médico. Podría deberse a muchos factores, pero uno de ellos es la complejidad de estudiar la polifarmacología de las sustancias naturales combinadas, unida a la variedad de preparaciones de ayahuasca.

5-MeO-DMT

La 5-MeO-DMT (forma abreviada de 5-Metoxi-dimetiltriptamina) es un poderoso compuesto psicodélico considerado uno de los más intensos de su clase. A diferencia de la DMT, provoca una experiencia más profunda de disolución del ego, acompañada de un sentido de unidad con el universo, lo que aumenta su interés en contextos espirituales y terapéuticos, y le ha valido el nombre de «molécula de Dios». Aunque tiene una duración bastante breve, sus efectos son tan impactantes que los usuarios a menudo describen la experiencia como una de las más significativas de su vida.

Se encuentra en varias plantas y en el veneno del sapo *Incilius alvarius* (también conocido como *Bufo alvarius*). Suele consumirse en forma sintetizada o al fumar o vaporizar el veneno seco del sapo, que se conoce como «medicina/veneno del sapo» o, simplemente, «bufo».

Figura 29. El sapo *Incilius alvarius* (también conocido como *Bufo alvarius*) segrega un veneno que contiene, entre otras sustancias, 5-MeO-DMT. Fuente: Shutterstock / Nynke van Holten.

Origen e historia

La 5-MeO-DMT fue sintetizada por primera vez en 1936 por químicos en un laboratorio, pero fue relativamente ignorada hasta las décadas de 1950 y 1960, cuando se comenzó a investigar junto con otros compuestos psicodélicos. En su forma natural, se encuentra en varias especies de plantas, como la *Anadenanthera peregrina* y la *Virola*, utilizadas durante siglos en rituales chamánicos de América del Sur. Sin embargo, la fuente más conocida es el veneno del sapo *Incilius alvarius*, también llamado *Bufo alvarius*, un anfibio nativo del desierto de Sonora, en el norte de México y el sur de Estados Unidos.

El uso de este veneno como herramienta psicodélica y espiritual es bastante reciente. En los años ochenta se descubrió que contenía una alta concentración de 5-MeO-DMT y, desde entonces, su uso ha ganado popularidad en círculos de espiritualidad y sanación, en especial en retiros y ceremonias en México, Estados Unidos y otros países.

Usos actuales

La sustancia se vaporiza, lo que induce efectos muy intensos en cuestión de segundos. A diferencia de otros psicodélicos, que pueden provocar distorsiones visuales y alteraciones sensoriales, la 5-MeO-DMT tiende a inducir una experiencia más interna y subjetiva, centrada en la disolución del ego y la conexión con lo que se percibe como una conciencia universal.

Su uso ha ganado popularidad entre los círculos espirituales y terapéuticos. Muchas personas buscan en ella una forma de curación emocional profunda o un despertar espiritual. Los chamanes modernos y facilitadores de ceremonias la utilizan para guiar a los participantes a través de experiencias trascendentales para reducir los traumas, los miedos y los bloqueos emocionales.

En el ámbito clínico, la investigación sobre la 5-MeO-DMT es limitada en comparación con otras sustancias psicodélicas como la psilocibina o el LSD. Sin embargo, hay un creciente interés en su potencial terapéutico y su capacidad de inducir neuroplasticidad.

Formatos

La 5-MeO-DMT puede encontrarse en dos formas: pura de origen sintético o veneno del sapo *Bufo alvarius*. El primero suele ser un polvo blanco o amarillento que se puede vaporizar; solo contiene 5-MeO-DMT. El veneno del sapo se extrae de las glándulas del animal, se seca y se fuma. Sin embargo, contiene otras sustancias —bufotenina y cardiotoxinas— que pueden potenciar la vivencia y añadirle mayor toxicidad, de manera que su uso es más peligroso. Ambos métodos producen experiencias intensas, aunque algunos usuarios prefieren el veneno del sapo debido a su connotaciones espirituales y rituales.

Farmacología

La 5-MeO-DMT pertenece a la familia de las triptaminas, similar en estructura a otros psicodélicos como la DMT y la psilocibina. De hecho, como sucede con la DMT, todos generamos pequeñas cantidades de 5-MeO-DMT en nuestro cuerpo. Sin embargo, sus efectos son diferentes debido a la forma en que interactúa con los receptores cerebrales. Al igual que otros psicodélicos, actúa sobre los receptores 5-HT2A, responsables de los cambios en la percepción y la cognición, pero también en otros muchos que potencian su capacidad de inducir la neuroplasticidad.

Lo que distingue a la 5-MeO-DMT de otros psicodélicos es su rápida acción y la intensidad de la experiencia, que a menudo lleva a una disolución casi instantánea del ego. A diferencia de la DMT, que induce efectos visuales complejos, esta tiende a producir una experiencia centrada en la conciencia y en la sensación de unidad con el universo. No es tan visual, pero sí muy potente a nivel de introspección, experiencia emocional y otros planos.

En el cuerpo, la 5-MeO-DMT es rápidamente metabolizada por la MAO, lo que explica su corta duración. Sin embargo, sus efectos psicológicos pueden ser profundos y duraderos, lo que hace que sea una sustancia muy valorada.

Dosificación

La 5-MeO-DMT es muy potente. Las dosis usadas son muy pequeñas si se comparan con las de otros psicodélicos naturales. Para una experiencia completa, suele variar entre 5 y 20 miligramos si se vaporiza. A dosis bajas (menos de 5 miligramos), los efectos pueden ser más suaves y permitir una mayor capacidad para manejar la experiencia. Sin embargo, una dosis completa de 10-15 miligramos suele ser suficiente para inducir una experiencia de disolución del ego y sensación de contacto con una conciencia universal.

Dosis	**5-MeO-DMT vaporizada**	**5-MeO-DMT esnifada**
Mínima psicoactiva	1-2 mg	3-5 mg
Baja	2-5 mg	5-8 mg
Media	5-10 mg	8-15 mg
Alta	10-20 mg	15-25 mg
Muy alta (máximo riesgo)	> 20 mg	> 25 mg

Debido a su potencia, es crucial consumirla en un entorno seguro, mejor acompañado de alguien con experiencia que pueda guiar y proporcionar apoyo durante y después del viaje.

Duración de los efectos

Una de las características singulares de la 5-MeO-DMT es su corta duración, en especial si se compara con la de otros psicodélicos, aunque no supera la brevedad de la DMT vaporizada. De este modo, los efectos comienzan en cuestión de segundos y alcanzan su punto máximo en uno o dos minutos. La experiencia completa suele durar entre quince y treinta minutos, aunque su intensidad puede hacer que parezca más larga y cambiar la perspectiva de la persona durante mucho tiempo.

Duración de los efectos	**Vaporizada**	**Esnifada**
Duración total	15-30 minutos	2-3 horas
Absorción/Latencia	5-60 segundos	1-10 minutos
Subida	30-60 segundos	2-5 minutos
Meseta	5-15 minutos	10-40 minutos
Bajada	10-20 minutos	30-60 minutos
Residual	15-60 minutos	1-3 horas

Después del viaje, muchos experimentan una calma, paz y claridad mental que puede durar horas, incluso días. La integración de la experiencia es crucial para procesar los cambios emocionales y psicológicos que puede desencadenar.

Riesgos específicos

Todas las drogas —legales, médicas o ilegales— entrañan riesgos. La 5-MeO-DMT es un psicodélico de elevada potencia que puede llegar a tener riesgos adicionales a los de los psicodélicos clásicos (explicados en el apartado de riesgos de la psilocibina).

En el caso específico de la 5-MeO-DMT existen riesgos añadidos como la cardiotoxicidad que puede tener su forma natural en veneno de sapo, quemarse con la pipa en la que se vaporiza, caerse al suelo si se consume de pie o el riesgo añadido de adulteración o sustitución por otras sustancias más potentes y tóxicas. Para minimizar este peligro, es crucial adquirir la 5-MeO-DMT de proveedores conocidos y analizarla siempre en servicios de análisis de drogas para la reducción de riesgos, como los de Energy Control.

Debido a que la 5-MeO-DMT tiene más riesgos que los psicodélicos clásicos, puede ser físicamente peligrosa si se consume a dosis altas o si se padece enfermedad cardiovascular. También puede producir reacciones graves si se mezcla con ciertos medicamentos o drogas que interactúan con ella, como los antidepresivos, el tramadol, los inhibidores de la MAO, el litio o los estimulantes.

Podrás leer más sobre sus riesgos, y cómo reducirlos, en el capítulo 8.

Aspectos legales

La 5-MeO-DMT no está controlada internacionalmente, aunque es ilegal en muchos países, entre los que de momento no está España. Su uso ceremonial ha ganado popularidad en algunos círculos espirituales y es tolerada en ciertos contextos, aunque su legalidad sigue siendo un área gris en muchas zonas del mundo.

En México, de donde el sapo *Bufo alvarius* es nativo, está aceptada en las ceremonias espirituales.

Investigación científica

La investigación sobre la 5-MeO-DMT es más limitada que en otros psicodélicos, pero está comenzando a ganar impulso. Estudios preliminares han demostrado que tiene un potencial significativo para ayudar a superar el trauma, la depresión y la ansiedad. Además, algunas investigaciones se han centrado en sus efectos a largo plazo en el bienestar psicológico, y han encontrado que, después de consumirla, muchas personas experimentan mayor satisfacción con la vida y una reducción de la ansiedad. En los últimos años, en España se han hecho algunos ensayos de esta sustancia en pacientes con depresión.

Los investigadores también están interesados en la posibilidad de que, al igual que otras triptaminas, promueva la neuroplasticidad, lo que podría explicar su capacidad para ayudar a las personas a modificar patrones de pensamiento rígidos o destructivos.

Mescalina

La mescalina (3,4,5-trimetoxi-β-feniletilamina) es un alcaloide alucinógeno que se encuentra sobre todo en los cactus peyote (*Lophophora williamsii*) y de San Pedro (*Echinopsis pachanoi*), que crecen en regiones desérticas de América del Norte y del Sur, respectivamente. Al igual que a otros psicodélicos vegetales, se la considera un enteógeno, sustancias que inducen experiencias espirituales o místicas. Genera una gran variedad de experiencias, desde visiones intensas con colores vibrantes hasta estados de conexión emocional y espiritual profundos. Tiene fines místicos, terapéuticos y, a veces, recreativos.

Figura 30. El cactus peyote (*Lophophora williamsii*) es un pequeño cactus con forma de botón que contiene mescalina y otras sustancias. Fuente: Shutterstock / Gleti.

Origen e historia

Durante miles de años, la mescalina ha sido utilizada por las culturas indígenas en los rituales sagrados que se enfocaban en la sanación, la búsqueda de visiones y la conexión espiritual. En los Andes, el cactus de San Pedro también se usaba con este propósito, mientras que los pueblos nativos de América del Norte utilizaban el peyote.

En 1897, el farmacólogo alemán Arthur Heffter aisló la mescalina del peyote. A partir de ahí, se inició la investigación de sus efectos en el sistema nervioso y sus posibles aplicaciones.

Durante el siglo XX, esta sustancia atrajo la atención de científicos como Humphry Osmond, y se popularizó gracias a autores como Aldous Huxley, pues relató su experiencia con ella en el libro *Las puertas de la percepción*. En la cultura popular, la mescalina formó parte de la contracultura psicodélica de las décadas de los sesenta y los setenta.

Usos actuales

En nuestros días, la mescalina está siendo poco estudiada en comparación con otros psicodélicos.

Sigue siendo una sustancia utilizada en ceremonias de la Iglesia Nativa Americana y por curanderos de los Andes, pues la consideran una herramienta para la conexión con el espíritu y la sanación.

En contextos informales, la consumen las personas interesadas en explorar sus efectos alucinógenos y alcanzar estados de conciencia alterada, pero se considera un psicodélico exótico y poco usado.

Formatos

La mescalina se presenta sobre todo en dos formatos naturales: botones de peyote (pequeñas partes del cactus) y polvo o papillas del cactus de San Pedro, conocidas como *wachuma*. También se puede encontrar en forma de sal purificada (como el sulfato de mescalina).

Farmacología

La mescalina es una fenetilamina que actúa sobre todo en los receptores de serotonina 5-HT2A del cerebro, lo que provoca efectos alucinógenos similares a los de la psilocibina y el LSD. A diferencia de otros psicodélicos clásicos, su estructura química se parece más a la dopamina que a la serotonina, lo que le confiere efectos algo diferentes.

Se metaboliza en el hígado y se elimina a través de la orina, con una vida media de unas seis horas. Los efectos pueden durar entre ocho y doce horas, según la dosis y el metabolismo del usuario.

En comparación con otros psicodélicos naturales como la psilocibina o la 5-MeO-DMT, tiene una duración más larga y sus efectos suelen ser más visuales y menos introspectivos.

Dosificación

La dosis para un viaje completo con mescalina es de entre 200 y 400 miligramos para una persona promedio, que corresponde a entre dos y cuatro botones de peyote o a una preparación considerable de cactus de San Pedro, según el peso corporal del usuario y su sensibilidad y tolerancia acumulada. Es el psicodélico que más dosis requiere consumir para hacer efecto, ya que su potencia farmacológica no es muy grande. Los principiantes suelen empezar con una dosis baja (150-200 miligramos) para familiarizarse con sus efectos.

Las dosis de mescalina pura o de cactus se suelen encontrar entre estos rangos:

Cactus con mescalina	**Porcentaje de mescalina (peso seco)**
Peyote[56] (*Lophophora williamsii*)	3-6
Lophophora decipiens	3
San Pedro[57] (*Echinopsis pachanoi*)	0,33-4
Antorcha peruana (*Echinopsis peruviana*)	0,24-0,82
Antorcha boliviana (*Echinopsis lageniformis*)	0,56
Echinopsis puquiensis	0,11-0,5
Echinopsis cuzcoensis	0,14-0,22
Echinopsis schoenii	0,14-0,22

Dosis	Mescalina oral (en miligramos)
Mínima psicoactiva	50-100
Baja	100-200
Media	200-400
Alta	400-600
Muy alta	> 600

El *set & setting* es crucial para una experiencia segura y significativa. Se recomienda consumirla en un entorno tranquilo y acompañado de un guía con experiencia para reducir la ansiedad y favorecer un viaje positivo.

Duración de los efectos

La mescalina suele comenzar a hacer efecto entre cuarenta y cinco minutos y una hora después de consumirla. En algunos casos, el inicio puede tardar hasta dos horas, en especial si se toma el cactus en forma sólida.

Sus efectos duran entre ocho y doce horas, de los más largos entre los psicodélicos naturales. El pico se alcanza durante las primeras tres o cuatro horas, momento en el que los efectos visuales y emocionales son más intensos. Luego, la experiencia va disminuyendo gradualmente.

Tiempos	Mescalina oral
Duración total	8-12 horas
Absorción/latencia	45-60 minutos
Subida	1-2 horas

Meseta	3-4 horas
Bajada	2-3 horas
Residual/*afterglow*	6-36 horas

Aunque no se asocian efectos de resaca severos, las horas posteriores al viaje es común sentirse cansado y emocionalmente sensible. Algunas personas describen una sensación de claridad y bienestar residual.

Riesgos específicos

Todas las drogas —legales, médicas o ilegales— tienen riesgos. La mescalina, al igual que la psilocibina, es un psicodélico clásico que actúa fundamentalmente en los receptores de serotonina y apenas tiene riesgos para el cuerpo; estos son sobre todo psicológicos y se explican en el apartado de la psilocibina.

En el caso específico de la mescalina, existen riesgos añadidos como la adulteración o sustitución por otras sustancias más potentes y tóxicas, sobre todo si se compra en polvo. Para minimizar este peligro, es crucial adquirir la mescalina de proveedores conocidos y analizarla siempre en servicios de análisis de drogas para la reducción de riesgos, como los de Energy Control.

Asimismo, debido a su especial perfil farmacológico, puede tener más riesgos que los psicodélicos clásicos, sobre todo a dosis muy altas o si la consume alguien con una enfermedad cardiovascular. También puede producir reacciones graves si se mezcla con ciertos medicamentos o drogas, como los antidepresivos, los estimulantes, el litio, el tramadol, los inhibidores de la MAO o el alcohol.

Además, tiene mayor propensión a causar náuseas y vómitos, en especial durante las primeras horas de la experiencia, debido al amargor del cactus. Suelen considerarse parte de la purga, un proceso de limpieza física y emocional.

Podrás leer más sobre sus riesgos, y cómo reducirlos, en el capítulo 8.

Aspectos legales

En España, la mescalina está clasificada como una sustancia ilegal, y tanto su posesión como su distribución implican delito penal, aunque los cactus que la contienen no estén prohibidos. En Estados Unidos, el cactus peyote está permitido para los miembros de la Iglesia Nativa Americana, pero es ilegal para otros usos. Su posesión puede conllevar multas y penas de cárcel. Sin embargo, el peyote tiene ciertas protecciones legales en contextos religiosos para los pueblos indígenas.

En algunos lugares, como Oregón, se están comenzando a relajar las restricciones sobre los psicodélicos en contextos terapéuticos, aunque la mescalina aún no se ha incluido en estas reformas.

Investigación científica

Los primeros estudios sobre la mescalina, a principios y mediados del siglo XX, se centraron en su capacidad para inducir estados similares a la psicosis con el fin de comprender las enfermedades mentales. Recientemente ha resurgido el interés por su uso para tratar trastornos como la depresión y la ansiedad, aunque la mayoría de estas investigaciones se centran en otros psicodélicos.

Su estudio actual es limitado si se compara con los de la psilocibina o la MDMA.

MDMA

La MDMA (siglas de 3,4-metilendioximetanfetamina) es una sustancia psicoactiva sintética conocida por sus efectos empatógenos-entactógenos, es decir, su capacidad para aumentar la empatía, el afecto, la sensación de cercanía emocional con los demás y con uno mismo, aunque, como tiene propiedades psicodélicas a dosis altas, se considera un semipsicodélico. En contextos recreativos, se conoce como «éxtasis» o «Molly», y se asocia a menudo con su uso en fiestas, *raves* y festivales debido a sus efectos: euforia, conexión social, mayor aprecio por la música y sensaciones táctiles intensificadas.

Está siendo investigada y utilizada en entornos clínicos para tratar diversas condiciones de salud mental, especialmente TEPT y ansiedad social. En los últimos años ha ganado una notable reputación en la psicoterapia asistida, pues ha demostrado ser eficaz para ayudar a procesar traumas y mejorar el bienestar emocional. Los efectos de esta sustancia, al contrario de los psicodélicos clásicos como el LSD o la psilocibina, se centran más en las emociones y la empatía que en las alteraciones visuales o en la percepción espacio-temporal.

Figura 31. Las pastillas de éxtasis son una presentación muy habitual de MDMA; se consumen habitualmente en discotecas y otros espacios de ocio. Fuente: Shutterstock / Couperfield.

Origen e historia

La MDMA fue sintetizada por primera vez en 1912 por la farmacéutica Merck, aunque al principio no se desarrolló con un propósito específico y permaneció olvidada durante décadas. En la década de 1970, el químico y farmacólogo Alexander Shulgin la redescubrió y experimentó con sus efectos, además de identificar sus propiedades empatógenas y su potencial terapéutico. Shulgin compartió la sustancia con algunos psicoterapeutas que comenzaron a usarla de manera experimental en sesiones de terapia.

En la década de 1980 comenzó a ganar fama fuera del ámbito terapéutico y empezó a usarse en entornos recreativos, particularmente en la escena de los clubes nocturnos y las *raves*. Debido a su creciente popularidad, se incluyó en la lista de sustancias controladas en muchos países, incluida España, y sus usos médico y recreativo pasaron a ser ilegales.

Sin embargo, en los últimos años ha habido un resurgimiento del interés por su utilización terapéutica, en especial en el tratamiento del TEPT y la ansiedad en pacientes con enfermedad terminal.

Usos actuales

En nuestros días, la MDMA tiene dos usos principales: recreativo y terapéutico en entornos clínicos. En el primero sigue siendo muy popular en fiestas, *raves* y festivales, donde las personas la consumen por su capacidad para aumentar la euforia, intensificar la música y fomentar la interacción social. A menudo se mezcla con otras sustancias, lo que aumenta los riesgos asociados a su consumo.

En el ámbito médico, se ha utilizado de forma experimental para tratar el TEPT, donde ha demostrado ser eficaz al ayudar a procesar traumas sin la barrera emocional del miedo o la ansiedad. Durante la terapia asistida con MDMA, los pacientes informaron de una mayor apertura emocional, una disminución de la respuesta de miedo y una mayor capacidad para enfrentarse a recuerdos traumáticos. Los estudios actuales, liderados por organizaciones como MAPS, están en la fase III de ensayos clínicos, lo que significa que está muy cerca de aprobarse para su uso terapéutico en contextos controlados.

Formatos

La MDMA está disponible en varios formatos, según cómo se distribuya y consuma. El más conocido son las pastillas de éxtasis, que suelen contener un amplio abanico de dosificaciones, ya que las hay con dosis bajas, en torno a los 80 miligramos hasta más de 250 miligramos y puede darse el caso de que esté mezclada con otras sustancias adulterantes, como cafeína, anfetaminas o catinonas. Las pastillas suelen tener diseños coloridos o logos que las hacen fácilmente reconocibles en el mercado recreativo.

Otra presentación es en forma de cristales o polvo, conocidas como «cristal» (ojo, no es el *crystal meth* de *Breaking Bad*, ese es metanfetamina), que pueden disolverse en agua, chuparse con el dedo o consumirse en pequeñas dosis. Esta versión se considera más pura que las pastillas y es la preferida por aquellos que quieren controlar mejor la dosificación.

Farmacología

La MDMA actúa sobre el sistema de serotonina del cerebro, aunque también afecta a otros neurotransmisores como la dopamina, la noradrenalina o la oxitocina. Cuando se consume, provoca una liberación masiva de serotonina, lo que genera sensación de euforia, bienestar, alegría, amor y conexión emocional con los demás. También está relacionada con la percepción intensificada de los estímulos sensoriales, como la música y el tacto.

Además, afecta la amígdala, la región del cerebro responsable de procesar el miedo y las respuestas emocionales. Esto explica por qué las personas que la consumen experimentan una reducción de la ansiedad y el miedo, lo que es muy útil en el contexto de la psicoterapia asistida. Por otra parte, aumenta la liberación de oxitocina, conocida como la «hormona del amor», lo que fomenta la sensación de empatía y cercanía emocional.

Sus efectos farmacológicos son únicos en su capacidad para generar una conexión emocional profunda durante el viaje.

Dosificación

La dosis varía dependiendo del contexto y de la experiencia que se busque. Para la mayoría de las personas, la dosis recreativa típica es de 80-120 miligramos. En general, se considera que 100 miligramos pueden proporcionar los efectos esperados sin que llegue a producir una experiencia abrumadora. Otra forma de calcular la dosis es multiplicar el peso corporal por 1,3 y esa sería la dosis en miligramos.

En la actualidad, muchas pastillas de éxtasis superan con creces los 150 miligramos, y se considera peligroso consumirlas enteras, motivo por el cual, ante la duda sobre su contenido, es más seguro partirlas por la mitad o en cuartos y tomarlas lentamente.

En la psicoterapia asistida, la dosis suele ser muy controlada. Los ensayos clínicos con MDMA para tratar el TEPT han utilizado dosis de 80-125 miligramos, aunque últimamente se suelen usar 120 miligramos, administradas bajo la supervisión de un terapeuta. En estos contextos, se toma en un entorno seguro, y los efectos se monitorizan para garantizar que el paciente esté en un estado mental propicio que le permita procesar los traumas.

Dosis	**MDMA oral pura (en miligramos)**
Mínima psicoactiva	30
Baja	30-80
Media	80-120
Alta	120-150
Muy alta (mayor riesgo)	> 150

Es importante destacar que, a diferencia de otros psicodélicos clásicos, la MDMA no produce efectos visuales intensos, y su dosificación está orientada a maximizar los efectos emocionales y sociales, sin llegar a las distorsiones perceptivas que se ven con sustancias como el LSD o la psilocibina, dado que a dosis altas los riesgos de la MDMA empiezan a superar sus efectos positivos.

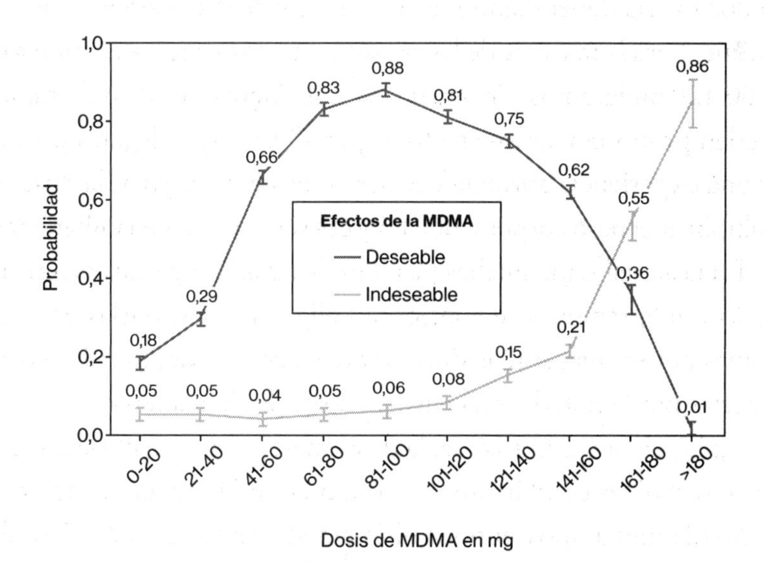

Figura 32. Gráfico en el que se analiza la probabilidad de aparición de efectos deseables (bienestar, positividad, empatía, etc.) y efectos indeseables (ansiedad, malestar, taquicardia, tensión mandibular, etc.) a diferentes dosis de MDMA. Las dosis que más efectos deseables producen sin elevar mucho el riesgo están entre 80-120 miligramos. Fuente: Tibor M. Brunt *et al.* (2010).[58]

Duración de los efectos

Los efectos suelen comenzar entre treinta y cuarenta y cinco minutos tras la ingesta, y alcanzan su punto máximo entre una y dos horas después. Durante la subida, los usuarios experimentan un aumento de la energía, euforia y una mayor apreciación de la música, el tacto y la interacción social. La experiencia completa suele durar entre tres y seis horas, aunque los efectos residuales pueden prolongarse.

Tiempos	**MDMA oral**
Duración total	3-6 horas
Absorción/latencia	30-45 minutos
Subida	15-30 minutos
Meseta	90-150 minutos
Bajada	60-90 minutos
Residual/*afterglow*	12-48 horas

A los dos o tres días de consumir MDMA, algunas personas pueden sentir un bajón, caracterizado por fatiga y una disminución en los niveles de serotonina, lo que puede provocar irritabilidad o depresión leve durante un día. La resaca es más común si se consume en dosis altas, si se mezcla con otras sustancias como el alcohol o cuando no se respetan los tiempos de descanso entre uno y otro uso.

Riesgos específicos

Todas las drogas —legales, médicas o ilegales— tienen riesgos. Aunque la MDMA es un empatógeno/entactógeno semipsicodélico y tiene más riesgos que los psicodélicos clásicos, su perfil de seguridad sigue siendo bastante alto si se utiliza de forma puntual y controlada. La mayoría de sus riesgos provienen de su uso poco informado, en exceso y en entornos recreativos.

Además de los riesgos básicos de todos los psicodélicos explicados en el apartado de la psilocibina, a nivel fisiológico uno de los mayores peligros de la MDMA es la hipertermia (sobrecalentamiento) y la deshidratación, ya que aumenta la temperatura corporal, sobre todo cuando se hace actividad física, como el baile. En entornos como *raves* o fiestas, las personas pueden olvidarse de mantenerse hidratadas o, peor aún, estar bebiendo alcohol, lo que acelera la deshidratación. Por otro lado, beber demasiada agua sin reemplazar los electrolitos puede provocar otro problema conocido como «hiponatremia», una condición en que los niveles de sodio en sangre bajan de forma peligrosa. Por ello es mejor beber bebidas isotónicas o tomar el agua con algo de sal.

Debido a que tiene efectos estimulantes, la MDMA puede elevar la tensión arterial y la frecuencia cardiaca con el riesgo de infartos o accidentes cerebrovasculares que eso implica, por lo que puede ser especialmente peligroso tomar dosis altas o que lo tomen personas con enfermedades cardiovasculares. Por otro lado, puede producir tensión mandibular (bruxismo).

En dosis altas, o si se usa de forma muy recurrente, podría producir neurotoxicidad, pues sería capaz de dañar algunas neuronas relacionadas con la serotonina, pero no se ha demostrado que tenga un impacto relevante en el cerebro ni en la funcionalidad de personas sanas que la usen de forma puntual.

Asimismo, debido a su especial perfil farmacológico, puede tener más riesgos de interacciones farmacológicas que los psicodélicos clásicos, pudiendo producir reacciones graves si se mezcla con ciertos medicamentos o drogas, como el litio, el tramadol o los inhibidores de la MAO.

Si se usa en exceso o a altas dosis, puede causar efectos negativos a nivel psicológico: bajones, agotamiento emocional, pesadillas y episodios de depresión y ansiedad. El bajón es temporal, aunque puede ser problemático para quienes tienden a la depresión.

Otro riesgo importante es la adulteración en forma de cristal o pastillas. En el mercado recreativo, en ocasiones se puede encontrar MDMA mezclada con otras sustancias, y algunas pueden ser peligrosas o tóxicas. Esto hace que la dosificación sea impredecible y aumenten los riesgos para la salud. Para minimizar este peligro, es crucial adquirir la MDMA de proveedores conocidos y analizarlo siempre en servicios de análisis de drogas para la reducción de riesgos, como los de Energy Control.

Podrás leer más sobre sus riesgos, y cómo reducirlos, en el capítulo 8.

Aspectos legales

En la mayoría de los países, incluyendo España, la MDMA está clasificada como sustancia controlada, lo que significa que su posesión, producción y distribución están prohibidas, y su tráfico puede conllevar penas severas. Aunque ha resurgido la investigación sobre su uso terapéutico, todavía no se ha legalizado fuera de los ensayos clínicos.

No obstante, en los últimos años ha habido un creciente movimiento que busca la despenalización o regulación de la MDMA para estos usos. Australia ha sido el primer país en autorizarla para tratar el TEPT, pero se espera que, si los ensayos actuales continúan arrojando resultados positivos, se legalice para uso médico en el tratamiento de este trastorno en Estados Unidos, Europa y otros países en los próximos años.

Investigación científica

La investigación sobre la MDMA ha avanzado mucho en los últimos años, en especial en el campo de la psicoterapia asistida. Los ensayos han demostrado que puede ser muy eficaz en el tratamiento del TEPT, con tasas de éxito mucho más altas que en las terapias tradicionales. Los estudios demuestran que, en combinación con la psicoterapia, puede ayudar a los pacientes resistentes a otros tratamientos a enfrentarse y procesar traumas de forma más efectiva que con los antidepresivos convencionales.

Este éxito ha llevado a la MDMA a la fase III de ensayos clínicos en Estados Unidos, lo que significa que está muy cerca de aprobarse como tratamiento médico. Además del TEPT, también se están investigando otras aplicaciones, como su uso en el tratamiento de la ansiedad en pacientes con cáncer terminal, la ansiedad social en personas del espectro autista, los problemas o conflictos de pareja y su potencial para tratar la depresión resistente.

Ketamina

La ketamina es un anestésico disociativo sintético que tiene propiedades psicodélicas a dosis altas, así que se considera un semipsicodélico. Se ha utilizado en medicina durante décadas, sobre todo en cirugías y en el tratamiento del dolor agudo. Sin embargo, después de ganar notoriedad como droga recreativa en *raves* y otros espacios de ocio, en los últimos años ha sido muy investigada y autorizada para tratar trastornos mentales, en especial la depresión resistente. La ketamina es conocida por inducir estados de disociación en los que las personas pueden sentir que están desconectadas del cuerpo y el entorno.

A diferencia de otros psicodélicos clásicos como el LSD o la psilocibina, la ketamina siempre ha tenido usos médicos autorizados, y cuando se usa en depresión tiene una acción más rápida y es única en su capacidad para aliviar síntomas depresivos severos en cuestión de horas. Esta propiedad la convierte en una herramienta valiosa para tratar depresiones en personas en riesgo de suicidio o que no responden a otros tratamientos.

Figura 33. En los mercados ilícitos es habitual encontrar la ketamina en forma de polvo, en muchos casos obtenida al secar los viales de ketamina farmacéutica. Fuente: Shutterstock / chayanuphol.

Origen e historia

La ketamina fue sintetizada por primera vez en 1962 por el químico estadounidense Calvin Stevens. Al principio se desarrolló como un anestésico alternativo a la PCP, que causaba efectos secundarios psicológicos graves. Esta demostró ser más segura y producir menos reacciones adversas, lo que la llevó a ser aprobada por la FDA en 1970 como anestésico de uso humano y veterinario.

Durante la guerra de Vietnam, fueron muchos los soldados heridos que la utilizaron, ya que su capacidad para actuar con rapidez y su perfil de seguridad la convertían en una excelente opción en caso de emergencia. Desde entonces, se ha usado en una gran variedad de contextos médicos, desde salas de cirugía hasta para tratar el dolor crónico.

En los ochenta y los noventa empezó a ganar popularidad como droga recreativa debido a sus efectos disociativos y alteradores de la percepción. A pesar de su estatus legal como medicamento controlado, su uso recreativo ha continuado en entornos de fiestas y clubes.

A principios de la década de los 2000, diversos investigadores descubrieron que pequeñas dosis de ketamina podían aliviar rápidamente los síntomas de la depresión severa incluso en personas que no habían respondido a otros tratamientos. Estos hallazgos llevaron al desarrollo de la esketamina, una forma refinada del compuesto aprobada para su uso terapéutico en el tratamiento de la depresión resistente.

Usos actuales

En la actualidad, la ketamina tiene tres usos principales: como anestésico y como tratamiento para trastornos de salud mental, en especial la depresión. En el primer caso, se usa mucho en cirugía, cuidados intensivos, analgesia extrahospitalaria y medicina veterinaria. Debido a su capacidad para inducir una anestesia segura sin deprimir gravemente la respiración, sigue siendo muy valorada en entornos médicos, y está incluida en la lista de medicamentos esenciales de la OMS.

Sin embargo, lo que ha llamado más la atención es el uso de la ketamina y la esketamina para tratar trastornos mentales. Los estudios han demostrado que puede reducir con rapidez los síntomas de depresión, a menudo en cuestión de horas. Esto es útil para los pacientes con depresión resistente, condición en la que no responden a los antidepresivos convencionales, o aquellos con riesgo inminente de suicidio.

En 2019, la esketamina fue aprobada por la FDA en Estados Unidos y la EMA en Europa bajo el nombre comercial de Spravato®.

Se administra a través de un espray nasal y se utiliza junto con antidepresivos tradicionales. Ofrece un enfoque innovador para tratar la depresión, ya que actúa muy distinto a los antidepresivos tradicionales.

Otra utilización muy extendida de la ketamina es su uso recreativo en *raves* y festivales de música, pues produce alteraciones sensoriales.

Formatos

La ketamina se presenta en varios formatos, según su uso. En entornos médicos, se utiliza mayoritariamente en forma líquida, que se administra por vía intravenosa o intramuscular. En las clínicas que ofrecen tratamiento para la depresión, suele suministrarse a través de infusiones intravenosas controladas o en su forma de espray nasal de esketamina.

La esketamina solo está disponible para uso hospitalario. Debido a su reciente aprobación y a que es un tratamiento novedoso, su precio es elevado: en algunos países, cada sesión puede costar varios cientos de euros.

En su forma recreativa, es habitual encontrarla en polvo: se inhala o se disuelve en agua. Los usuarios pueden consumirla sola o combinada con otras sustancias, pero eso aumenta los riesgos asociados.

Farmacología

A diferencia de otros psicodélicos que actúan sobre los receptores de serotonina, como el LSD o la psilocibina, la ketamina afecta al sistema glutamatérgico del cerebro. En concreto, bloquea los receptores N-metil-D-aspartato (NMDA), acción que impacta en el funcionamiento del glutamato —el principal neurotransmisor que excita al cerebro— y provoca efectos anestésicos y disociativos.

En términos de salud mental, se cree que el bloqueo de estos receptores desencadena una serie de cambios en las conexiones neuronales, aumenta la neuroplasticidad y promueve la creación de nuevas sinapsis. Este efecto es lo que se cree que subyace a su capacidad para aliviar los síntomas depresivos con rapidez.

La esketamina tiene un mecanismo de acción similar, pero se administra en dosis más bajas y con mayor control en entornos clínicos, por ser más potente.

Dosificación

La dosificación de la ketamina y la esketamina varía ampliamente dependiendo de si se usa en un contexto médico, terapéutico o recreativo, y en función también de la vía utilizada. En medicina, las dosis de ketamina para anestesia son bastante altas, y se administran por vía intravenosa o intramuscular. En el tratamiento de la depresión son mucho más bajas y se administran con infusiones controladas, por lo general 0,5-1 miligramo/kilo.

En el caso de la esketamina, la dosis inicial del pulverizador nasal suele ser de 56 miligramos, que puede aumentar a 84 según la respuesta del paciente. Las sesiones se realizan en clínicas, generalmente una o dos veces por semana, y cada una dura unas dos horas, ya que se requiere observación después de administrarla.

En el contexto recreativo, las dosis varían, pero suelen oscilar entre 30-100 miligramos esnifados por vía intranasal o 100-350 por vía oral. Las más altas pueden inducir un estado conocido como *K-hole* o «ketazo», una experiencia de disociación extrema en la que la persona pierde casi por completo la conexión con el entorno y la capacidad de moverse coordinadamente.

Dosis	Ketamina esnifada (en miligramos)	Ketamina oral (en miligramos)
Mínima psicoactiva	5	50
Baja	10-30	50-100
Media	30-60	100-250
Alta	60-100	250-350
Muy alta (mayor riesgo)	>100	>350

Duración de los efectos

La ketamina tiene una duración bastante corta si se compara con otros psicodélicos. Cuando se administra por vía intravenosa, los efectos comienzan muy rápido y la experiencia completa dura entre treinta y sesenta minutos, aunque los efectos residuales, como la desorientación y la confusión, pueden durar más.

En el caso de la esketamina administrada por vía nasal, los efectos también son bastante rápidos: comienzan a los dos minutos después de administrarse. Sin embargo, sus efectos terapéuticos, en especial en términos de alivio de la depresión, pueden durar días o semanas después de una sola sesión, lo cual es muy positivo. A diferencia de otros psicodélicos, en terapia la ketamina y la esketamina requieren administraciones regulares (por lo general, semanales o quincenales).

La ketamina por vía esnifada tarda entre 1-3 minutos en hacer efecto, y 5-15 en alcanzar el pico, que dura unos 15-45 minutos. En cuanto a la ketamina por vía oral, tarda entre 10-30 minutos en empezar a hacer efecto, sube durante 5-20 y se mantiene en la meseta por unos 45-90 minutos.

Tiempos	**Ketamina esnifada**	**Ketamina oral**
Duración total	1-2 horas	4-6 horas
Absorción/latencia	1-3 minutos	10-30 minutos
Subida	5-15 minutos	5-20 minutos
Meseta	15-45 minutos	45-90 minutos
Bajada	30-60 minutos	3-6 horas
Residual/*afterglow*	2-12 horas	4-8 horas

Riesgos específicos

Todas las drogas —legales, médicas o ilegales— entrañan riesgos. La ketamina es un disociativo semipsicodélico que presenta riesgos adicionales a los de los psicodélicos clásicos (explicados en el apartado de riesgos de la psilocibina).

Aunque la ketamina ha demostrado ser segura si se utiliza en entornos médicos controlados, entraña algunos riesgos, en especial cuando se consume de forma recreativa. Uno de los más significativos es la posibilidad de desarrollar adicción y dependencia. Aunque no es tan adictiva como otros anestésicos u opioides, su uso frecuente puede llevar a tolerarla y necesitar más cantidad para obtener los mismos efectos.

La ketamina puede ser físicamente peligrosa si se consume a dosis muy altas o con enfermedad cardiovascular, ya que puede elevar la tensión arterial o llegar a producir depresión respiratoria. También puede producir reacciones peligrosas si se mezcla con ciertos medicamentos o drogas que interactúan con ella, como el alcohol, los opioides o los inhibidores de la MAO.

Otro riesgo es el daño a la vejiga, condición conocida como «cistitis por ketamina» que se ha observado en personas que consumen grandes cantidades de forma crónica. Puede ser muy dolorosa y, en algunos casos, irreversible. Asimismo, puede ser neurotóxica y neuroprotectora al mismo tiempo, según la dosis a la que se administre,[59] pero si son dosis altas y se toman de forma recurrente, es probable que resulte neurotóxica.

La ketamina genera mucha descoordinación motriz y pude producir caídas o accidentes. Dosis altas pueden inducir el estado *K-hole*, una experiencia de disociación extrema en la que la persona pierde casi por completo la conexión con el entorno, y puede ser muy confuso, e incluso hacerse daño sin notarlo.

En términos de salud mental, su uso recreativo puede aumentar el riesgo de episodios psicóticos o de disociación prolongada, en especial en personas con antecedentes de trastornos mentales.

Al igual que la MDMA, la ketamina tiene el riesgo añadido de adulteración o sustitución por otras sustancias más potentes y tóxicas. Para minimizar este peligro, es crucial adquirir la ketamina de proveedores conocidos y analizarla siempre en servicios de análisis de drogas para la reducción de riesgos, como los de Energy Control.

Podrás leer más sobre sus riesgos, y cómo reducirlos, en el capítulo 8.

Aspectos legales

En la mayoría de los países, incluyendo España, la ketamina está clasificada como una sustancia controlada, es decir, su uso está restringido a contextos médicos y veterinarios. La posesión o el empleo no autorizado de esta sustancia es ilegal y puede conllevar sanciones penales.

En cuanto a la esketamina, su estatus legal es similar, ya que se ha aprobado para el tratamiento médico de la depresión resistente, pero solo está disponible a través de médicos autorizados y en clínicas especializadas. Su administración está estrictamente controlada, y los pacientes deben ser monitorizados durante las sesiones debido a sus efectos disociativos.

Investigación científica

La investigación sobre la ketamina y la esketamina ha crecido de forma exponencial en los últimos años. Diversos estudios han confirmado su eficacia en el tratamiento de la depresión resistente, e incluso en la prevención de la ideación suicida en situaciones de crisis. Este rápido alivio de los síntomas depresivos no se ha visto con otros tratamientos, por lo que se considera un avance revolucionario en la psiquiatría.

Además, se están llevando a cabo estudios para investigar su uso en otros trastornos mentales, como el TEPT, el trastorno bipolar y las adicciones. Ha demostrado ser efectiva en la reducción de los síntomas de adicción a sustancias como los opioides y el alcohol, y su capacidad para aumentar la neuroplasticidad cerebral la convierte en una candidata prometedora para el tratamiento de diversas afecciones.

8

Con las manos en la masa

Como hemos visto, los psicodélicos están siendo investigados con resultados muy prometedores por parte de los científicos de algunos de los mejores centros de investigación de todo el mundo, pero, aunque lo ideal es esperar a que estas terapias estén desarrolladas y aprobadas, hay muchas personas que hacen uso de estas sustancias con diversos fines, independientemente de su estatus legal.

Por eso considero importante informar también sobre estas drogas desde una perspectiva más práctica, enfocada en la reducción de riesgos y daños, para que quienes las utilicen fuera de contextos experimentales controlados cuenten con herramientas informativas que les permitan minimizar los riesgos.

Como hemos ido viendo, la familia de las drogas psicodélicas puede subdividirse entre los psicodélicos clásicos (psilocibina, LSD, DMT y mescalina) y los semipsicodélicos (MDMA y ketamina). Como norma general, los psicodélicos clásicos son sustancias con pocos riesgos en el plano físico-fisiológico, mientras que los semipsicodélicos sí que tienen riesgos en este plano. Lo que todas estas sustancias comparten son sus riesgos psicológicos y, en ocasiones, psiquiátricos.

En este capítulo profundizaremos en estos riesgos psicológicos y contextuales para poder ver cómo reducirlos en la medida de lo posible.

Riesgos psicológicos y contextuales de los psicodélicos

Los psicodélicos actúan profundamente sobre la mente humana, alterando la percepción, el pensamiento y las emociones. Esta capacidad de modificar la experiencia consciente puede ser tanto una herramienta poderosa para la sanación como una fuente de riesgo significativo. Los riesgos psicológicos de los psicodélicos surgen principalmente de la naturaleza intensa y a veces impredecible de las experiencias que inducen.

Experiencias difíciles o «malos viajes»

Uno de los riesgos más inmediatos son las experiencias difíciles o «malos viajes». Estos episodios pueden manifestarse como una abrumadora ansiedad, miedo, confusión y desorientación. Durante un mal viaje, la persona puede sentir que pierde el control, enfrentar miedos intensos o percibir la realidad de manera demasiado distorsionada. Estos estados pueden ser profundamente angustiantes y, en algunos casos, dejar secuelas emocionales duraderas si no se manejan de forma adecuada.

Es importante destacar que, aunque estos episodios pueden ser perturbadores, rara vez tienen efectos duraderos o traumáticos. Con el apoyo pertinente y técnicas de manejo que veremos en la siguiente sección, la mayoría de las personas recuperan su estabilidad emocional una vez que la sustancia ha dejado de actuar. Sin embargo, la intensidad de estas experiencias subraya la necesidad de una preparación adecuada y un entorno controlado antes de consumir psicodélicos. Otro elemento clave para que este tipo de experiencias no se conviertan en un trauma duradero, sino que puedan llegar a ser aprendizajes constructivos, es una adecuada integración posterior.

Ya existen servicios especializados en esto, como los del Centro de Apoyo de ICEERS.[60]

Riesgos psiquiátricos

Más allá de los efectos psicológicos inmediatos, los psicodélicos pueden tener implicaciones más serias para la salud mental a largo plazo. El mayor riesgo es que estas sustancias puedan desencadenar episodios psicóticos, esquizofrenia o trastorno bipolar en personas con antecedentes personales o familiares de estas enfermedades psiquiátricas. Aunque la probabilidad es baja, es crucial que los consumidores sean conscientes de su historial médico y psiquiátrico antes de consumirlas. Algunas medidas de precaución básicas incluyen no tomar psicodélicos siendo muy joven (menos de veinticinco años) si se ha reaccionado mal ante situaciones de estrés en el pasado o si se han vivido episodios psiquiátricos personales o familiares.

En individuos sin predisposición a trastornos mentales, el uso de psicodélicos puede, en raras ocasiones, precipitar episodios psicóticos temporales. Estos episodios incluyen alucinaciones, delirios y pensamientos desorganizados que pueden llevar a una desconexión momentánea de la realidad. Aunque estos eventos son poco frecuentes y suelen superarse con rapidez, su presencia resalta la importancia de la evaluación previa, la elección del contexto y el seguimiento profesional en el uso terapéutico de estas sustancias.

Otro riesgo psiquiátrico es el trastorno perceptivo persistente por alucinógenos (HPPD), conocido popularmente como *flashback*. Este trastorno implica la reaparición repentina e involuntaria de alteraciones perceptivas similares a las experimentadas durante el viaje psicodélico, que pueden durar desde días hasta meses. Aunque es una condición muy rara y de la que se sabe poco por su escasa aparición,[61] su impacto puede ser significativo, generando angustia y confusión en quienes la padecen.

Riesgos contextuales

Además de los riesgos psicológicos y psiquiátricos, los psicodélicos presentan riesgos contextuales relacionados con el entorno en el que se consumen y las circunstancias personales del usuario. Estos riesgos son a menudo subestimados, pero juegan un papel crucial en la experiencia general y en la posibilidad de enfrentar consecuencias negativas.

Uno de los principales riesgos contextuales es la desorientación o los accidentes durante el viaje. La alteración de la percepción espaciotemporal y la coordinación motora puede llevar a comportamientos peligrosos, como conducir en estado alterado o sufrir caídas si la persona no se encuentra en un entorno seguro y vigilado. Estos riesgos son especialmente relevantes en contextos recreativos donde el entorno puede ser caótico o impredecible.

Otro riesgo contextual es el cambio drástico en la vida personal que puede surgir tras una experiencia psicodélica significativa. Las epifanías o revelaciones obtenidas durante el viaje pueden llevar a la persona a tomar decisiones impulsivas, como cambiar de trabajo, terminar relaciones importantes o tomar medidas radicales en su estilo de vida. Si bien estos cambios pueden ser positivos y transformadores, también pueden tener consecuencias negativas si no se gestionan adecuadamente.

Además, el entorno social y cultural en el que se consume la sustancia puede influir de forma significativa en la experiencia. Un ambiente de apoyo y comprensión puede facilitar una experiencia positiva, mientras que un entorno hostil o juzgador puede exacerbar los sentimientos de ansiedad y miedo, aumentando el riesgo de una experiencia difícil.

La importancia de la integración

Después de una experiencia psicodélica, la integración es fundamental para asegurar que los *insights* y aprendizajes obtenidos se traduzcan en cambios positivos en la vida diaria. La integración implica reflexionar sobre la experiencia, discutirla con un terapeuta o grupo de apoyo, y aplicar los conocimientos adquiridos de manera constructiva. Este proceso ayuda a consolidar los beneficios terapéuticos y a minimizar cualquier impacto negativo residual.

La integración también puede prevenir la formación de patrones de comportamiento impulsivos o destructivos que podrían surgir de revelaciones profundas y transformadoras. Al abordar la experiencia con una mentalidad abierta y una actitud de aprendizaje continuo, los individuos pueden transformar sus vivencias psicodélicas en herramientas poderosas para el crecimiento personal y la sanación emocional.

En cualquier caso, partiendo de la base de que la única opción totalmente segura es no consumir, para aquellas personas que lo vayan a hacer existen estrategias para mitigar los riesgos asociados con el uso de psicodélicos. Esto implica una preparación adecuada que, como veremos en el siguiente apartado, incluye una comprensión profunda de la sustancia, una evaluación honesta del estado mental y emocional, y la creación de un entorno seguro y de apoyo. El manejo del *set & setting* es crucial: un estado mental positivo y una intención clara, combinados con un entorno controlado y tranquilo, pueden reducir en gran medida la probabilidad de una experiencia difícil.

Y en el caso desafortunado de afrentar una experiencia difícil, es importante contar con estrategias de manejo efectivas como las que veremos. Mantener la calma, recordar que los efectos son temporales, y buscar apoyo emocional son pasos clave para superar estos momentos. La presencia de un acompañante sobrio o un *sitter* puede proporcionar el apoyo necesario para navegar a través de una experiencia complicada, ofreciendo apoyo sin interferir en el proceso.

Reducción de los riesgos psicodélicos: manejo del *set & setting*

Los compuestos psicodélicos destacan por ser las drogas de mayor efecto amplificador de las emociones, los pensamientos y el propio contexto. Al tomarlos, se alimentan de todas estas variables y las proyectan en la experiencia. Las sutilezas se vuelven enormes y pueden transformar pequeñas preocupaciones en grandes miedos o leves esperanzas en grandiosas revelaciones. Esta capacidad explica tanto su potencial terapéutico como los riesgos que pueden conllevan estas sustancias.

Si bien el único modo de eliminar completamente el riesgo es no consumir, las personas que decidan adentrarse en una experiencia psicodélica —ya sea con fines terapéuticos o de ocio—, y quieran tener un viaje lo más seguro y productivo posible, deberían prestar una atención especial a dos áreas fundamentales: además de las variables propias de la sustancia (tipo, dosis, pureza, etc., que tratamos en el capítulo 2), en estas experiencias las áreas más importantes son las conocidas como «de persona y contexto», o *set & setting*. Estos conceptos, introducidos por los pioneros de la investigación psicodélica en las décadas de 1950 y 1960, retoman hoy un papel esencial para garantizar experiencias más seguras y constructivas, reduciendo la probabilidad de lo que comúnmente se llama «mal viaje».

El set

El término *set* engloba el estado emocional y mental de la persona antes de tomar el psicodélico. Incluye su predisposición psicológica (ansiedad, confianza, expectativas), la preparación previa, la personalidad y, en última instancia, los motivos o intenciones con los que se consume la sustancia. Es el terreno interno desde el cual el usuario inicia la experiencia. Como el punto de partida nunca es exactamente igual, ni siquiera en la misma persona en dos ocasiones parecidas, ningún viaje psicodélico es idéntico a otro.

Información y preparación

Una parte esencial para evitar desenlaces negativos consiste en informarse todo lo posible, conocer los efectos de la sustancia en cuestión, su duración y la manera en que puede interactuar con la mente y el cuerpo. Además de hablar con personas que ya hayan vivido la experiencia, existen numerosas fuentes de información fiables —libros, documentales, foros especializados o testimonios— que permiten adquirir un entendimiento básico y generar confianza antes de dar el paso con mayor seguridad. Quienes se adentran en una experiencia psicodélica con una base sólida de conocimiento, confianza y una mentalidad abierta tienen más probabilidades de vivirla de forma segura y enriquecedora que los que se lanzan al abismo sin informarse.

La preparación también implica planificar los detalles logísticos (lugar, duración, acompañantes, actividades posteriores), practicar técnicas de respiración y relajación, y anticipar posibles momentos de dificultad. Por ejemplo, durante el viaje es frecuente experimentar la sensación de «perder el control», sentir que uno «se está muriendo» o incluso de «estar volviéndose loco»; saber de antemano que es un efecto normal y pasajero ayuda a sobrellevarlo sin miedo. En este sentido, contar con un acompañante sobrio (o *trip-sitter*) para garantizar que no se dan situaciones de peligro real aporta un plus de seguridad.

Por otra parte, conviene plantearse por qué se desea vivir la experiencia. Si la motivación es genuina y no obedece a presiones externas (amigos, parejas, expectativas sociales), es más probable que el viaje sea constructivo.

No obstante, existen ciertas contraindicaciones claras: personas con antecedentes de trastornos psicóticos o bipolares —o con familiares directos que los padezcan— deberían abstenerse de consumir psicodélicos, debido al riesgo de sufrir episodios. Lo mismo rige para patologías cardiacas, neurológicas o cualquier situación en la que el aumento de ansiedad pueda desencadenar complicaciones. Asimismo, tomar medicación incompatible (litio, tramadol, antipsicóticos, etc.) puede incrementar los riesgos.

Estado emocional y mental de partida

Antes de embarcarse en la experiencia, es fundamental que la persona evalúe su estado emocional y mental. Dado que los psicodélicos amplifican tanto lo placentero como lo angustioso, no es recomendable iniciar un viaje fuera de un contexto clínico vigilado si uno atraviesa un periodo de gran estrés, malestar emocional o una crisis personal. A veces, posponer la sesión puede ser la mejor forma de prevenir un mal desenlace. Un estado de serenidad o, al menos, de equilibrio antes de consumir suele traducirse en una experiencia más positiva.

Del mismo modo, si alguien se siente dudoso, demasiado nervioso, preocupado o con miedo, debería plantearse si es el momento adecuado para tomar la sustancia. Situaciones recientes de intenso impacto emocional —rupturas, duelos, discusiones— también pueden inclinar la balanza hacia un episodio ansiógeno durante la fase más fuerte del viaje.

Ejemplos claros en los que sería preferible no consumir incluyen tener compromisos importantes en las horas siguientes, responsabilidades que cumplir, sentir pánico ante la sustancia o creer que no se dispone del tiempo, el espacio o la predisposición para integrar la experiencia después. La salud física y neurológica de ese día también debe tenerse en cuenta, pues el malestar corporal —fiebre, vértigo, dolor de cabeza, estómago o garganta— puede afectar de forma muy negativa a la experiencia.

Intención

Un aspecto clave del *set* es definir una intención clara o propósito. Hay quienes buscan exploración interior, sanación emocional, entretenimiento, creatividad o conexión espiritual. Contar con una intención ayuda a orientar la experiencia y a darle un sentido, aunque esta intención no debe confundirse con una expectativa rígida. Se trata más bien de una orientación inicial, un «norte» que permite preparar la experiencia y tener una dirección de partida para la experiencia. Un lema muy común entre terapeutas psicodélicos es «la intención se queda en la puerta», y expresa que, aunque entremos en el viaje con un propósito, no debemos aferrarnos a él si las sensaciones nos conducen por otros derroteros; hay que estar abierto a la experiencia.

Las intenciones pueden ser tan concretas como «Quiero profundizar en mi relación de pareja» o tan abiertas como «Deseo mejorar mis motivaciones en la vida». Sin embargo, hay que recordar que las experiencias psicodélicas no suelen seguir un camino recto, así que es básico dejar que sigan su curso natural. Para alcanzar esta flexibilidad, hay que tener máxima confianza en uno mismo y en lo que se va a vivir, y saber que, si los preparativos de la sustancia y el *set & setting* fueron los adecuados, y se está acompañado, la experiencia no debería entrañar grandes riesgos.

Expectativas

Hay que separar la intención —que sería la orientación o rumbo de partida— de las expectativas. Cuando estas son demasiado concretas, pueden generar rigidez y frustración si no se cumplen o si la experiencia no se ajusta a ellas. Es mejor mantener una actitud flexible, abierta, curiosa y confiada, sabiendo que los viajes psicodélicos suelen deparar sorpresas y no hay que tenerles miedo. Como repetía el veterano investigador psicodélico William «Bill» Richards, de la Universidad Johns Hopkins: «Confía, déjate llevar y ábrete a la experiencia» (*trust, let go and be open*). Esa disposición mental flexible suele marcar la diferencia entre una vivencia plena y un camino plagado de ansiedad y control excesivo.

El setting

Si el *set* se refiere al universo interno de la persona, el *setting* abarca todo lo que la rodea: el espacio físico, la música, la iluminación, la temperatura, la compañía, la hora del día, el contexto sociocultural y legal, etc. Cualquier factor externo que pueda influir en el desarrollo de la sesión forma parte del *setting*.

Entorno físico

El lugar donde se desarrolla el viaje juega un papel fundamental en su calidad y seguridad. Un espacio cómodo, acogedor y seguro es básico para un buen resultado. Cuantos menos elementos perturbadores y que escapen de control haya, mejor: ruidos fuertes, luces demasiado intensas, temperatura, personas o lugares desconocidos pueden generar tensión y distraer la atención de la exploración interna. Un ambiente familiar, predecible y estéticamente agradable

—con sofás, mantas, cojines, o incluso elementos de la naturaleza— ofrece contención y reduce la probabilidad de sobresaltos.

La música ejerce un poderoso influjo durante un viaje psicodélico. Algunas personas optan por paisajes sonoros suaves o música instrumental sin letra, mientras que otras se inclinan por composiciones que las conecten con emociones profundas. La elección depende de la intención de la experiencia y del gusto personal.

Al inicio de la experiencia el entorno físico debería estar bien provisto de todo lo que se necesitará durante el viaje, para no tener que salir de ese espacio (ir a la calle, bajar a por comida, etc.) ni realizar tareas complejas (cocinar, llamar por teléfono, organizar algo, etc.). Lo ideal es que cuente con todo lo necesario (*playlist*, auriculares, altavoces, bolígrafo, pinturas, libreta, incienso, lámpara, agua, zumo, fruta, snacks, inodoro, etc.) y que se elimine todo lo que podría llegar a ser peligroso en algunas situaciones (fuego, cuchillos, escaleras, balcón, desniveles, etc.).

Compañía

La presencia o ausencia de otras personas puede transformar por completo la experiencia. Un cuidador o *tripsitter* con experiencia, sobrio, comprensivo y de confianza puede brindar el soporte necesario si la intensidad aumenta o surgen momentos de miedo. El rol de este acompañante no es dirigir el viaje, sino velar por la seguridad y la comodidad de quien está bajo efectos psicodélicos y brindarle apoyo si es necesario.

En ocasiones, durante la sesión pueden aflorar emociones intensas o traumas reprimidos. Disponer de alguien de confianza y que brinde apoyo sin juzgar ni precipitar intervenciones indeseadas es imprescindible para lograr una experiencia segura y adecuada. Es muy importante que se trate de alguien en quien se confíe, pues la desconfianza puede magnificarse en estados de alta vulnerabilidad y desembocar en paranoia. El *tripsitter* se encarga, además, de resolver cualquier contingencia externa (teléfono, visitas inesperadas, comida, música) y de solicitar ayuda profesional en caso de emergencia.

Contexto cultural, social y legal

Las creencias y actitudes del entorno influyen enormemente en la vivencia psicodélica. Hay culturas que consideran estas experiencias como rituales de sanación o vías de autoconocimiento, incluso experiencias comunitarias, mientras que en otros lugares se estigmatiza o penaliza su uso. Sentir miedo o culpa por la ilegalidad de la sustancia, por ejemplo, puede desembocar en estados de ansiedad durante el viaje. Es esencial que el usuario se rodee de un entorno social que valide y apoye el proceso —siempre que se trate de un uso bien informado y responsable—, y que esté libre de presiones o juicios.

En entornos donde se permiten ceremonias guiadas (chamánicas o facilitadas por terapeutas especializados), el *setting* se establece de manera meticulosa, con música, cantos y protocolos propios de esa tradición. Este enfoque ceremonial o comunitario ofrece un marco de referencia claro y probado, lo que a menudo facilita la vivencia.

La (muy) necesaria consonancia entre set *y* setting

Tanto el *set* como el *setting* deben alinearse para que la experiencia sea segura y constructiva. El escenario escogido debe reflejar la intención de la persona: si la meta es reflexionar en profundidad o trabajar un asunto emocional, tal vez sea preferible un ambiente tranquilo, protegido y controlado, que facilite la introspección, mientras que una persona experimentada que busca un aspecto más festivo podría inclinarse por un entorno más dinámico, siempre que ello no aumente el riesgo de manera irresponsable.

La elección del *setting* también debe estar acorde a la experiencia previa de la persona. Los novatos suelen agradecer un lugar más recogido, protegido y silencioso, con la compañía de un *tripsitter* fiable y experimentado. Por otro lado, quienes ya tienen un largo camino en la exploración psicodélica podrían atreverse con otras variantes de *setting*, siempre valorando las precauciones básicas.

Al final, la planificación atenta del *set & setting* no solo reduce la probabilidad de situaciones complicadas, sino que potencia el valor transformador y positivo de la experiencia. Aunque a menudo se pase por alto, esta preparación es esencial para sacarle el máximo partido a los psicodélicos: su auténtico poder no reside únicamente en la molécula, sino también en la manera en que cada persona y cada entorno la reciben y le dan forma. Cuando se actúa con prudencia, conocimiento y respeto, los psicodélicos pueden convertirse en herramientas de exploración y sanación con un inmenso potencial, siempre bajo la premisa de reconocer la importancia de qué se consume, pero sobre todo quién, cómo, dónde y en qué circunstancias se hace.

Reducción de los daños psicodélicos: gestión de los «malos viajes» y otras experiencias difíciles

En ocasiones, ciertas personas, contextos o dosis pueden llevar a que los psicodélicos desencadenen lo que se suele llamar un «mal viaje» o, más apropiadamente, una experiencia difícil. Por eso, desde la perspectiva de la reducción de daños y el ámbito terapéutico, se insiste mucho en la importancia de cuidar el *set & setting* (preparación y ambiente). Sin embargo, ¿qué podemos hacer si nos encontramos con alguien que ya está atravesando esa situación complicada? A continuación, veremos algunas pautas generales para afrontar este tipo de emergencias, que son aplicables tanto a entornos terapéuticos, como recreativos o de otra índole. Tomaré la perspectiva de un festival de música por ser uno de los escenarios más complejos y donde más variables hay que tener en cuenta, pero los principios serían los mismos en otro tipo de situaciones.

Es raro que la ingestión de psicodélicos precipite un brote psicótico en personas sanas si no hay predisposición previa, pero sí es más común que, en entornos poco adecuados o personas inadecuadamente preparadas, surjan episodios de miedo, ansiedad, confusión, paranoia, sensación de muerte inminente o de locura. Se trata de experiencias desagradables, a menudo denominadas «malos viajes». Pueden ser muy intensas y traumáticas si no se gestionan adecuadamente, pero en la mayoría de los casos desaparecen por sí solas a medida que bajan los efectos de la sustancia, sobre todo si la persona recibe el apoyo adecuado.

En entornos recreativos (festivales, fiestas multitudinarias, etc.), donde el consumo de psicodélicos es más frecuente y arriesgado, aparecen dispositivos de ayuda para estas situaciones. Un ejemplo es Kosmicare, un servicio especializado que opera en el Boom Festival (Portugal). Cada dos años, de las cuarenta mil personas que acuden a dicho festival, en torno a un 1 por ciento (unas cuatrocientas) terminan pidiendo asistencia profesional para afrontar un mal viaje o algún otro problema parecido. En la mayoría de los casos, la situación se resuelve de manera positiva antes de que acabe la jornada, y son muy pocos los episodios que requieren intervención psiquiátrica o prolongada.

No todos estos problemas derivan de consumir sustancias; a veces influyen la falta de sueño, el calor, la interacción con otras personas o la sobreestimulación del entorno. Aun así, es obvio que los psicodélicos pueden intensificar y descontrolar esas experiencias si no se han tomado precauciones.

Cómo ayudar ante un mal viaje

Ya sea en una casa, en un jardín, en una consulta o en un festival de música, los principios básicos suelen ser los mismos que se usan en los puntos de apoyo creados específicamente para atender a personas con experiencias difíciles y que, normalmente, están gestionados por ONG o grupos de voluntarios que comprenden los efectos de estas sustancias y saben cómo actuar. Algunos ejemplos son Kosmicare (Boom Festival, Portugal), Zendo Project (Burning Man, Estados Unidos) y PsyCare (Reino Unido).

Su función —al igual que la de un *tripsitter* en un contexto más pequeño— no es dar terapia ni dirigir la experiencia, sino ofrecer apoyo y cuidado hasta que la persona se estabilice. Para ello, hay algunos principios básicos que suelen ser útiles, ya sea en una casa con un amigo que nos necesita o con un desconocido que encontramos en apuros en un festival.

1. Evaluación y valoración inicial

- **Seguridad propia y del entorno.** Antes de intervenir, fíjate si el sitio es seguro para ti y para la persona. Podría estar en un lugar elevado del que puedas caerte al acercarte o mostrar conductas agresivas que supongan un riesgo. Si la situación es demasiado peligrosa, hay que pedir ayuda a profesionales o personal de seguridad antes de ponerse en peligro a uno mismo.
- **Descartar emergencias médicas.** Aunque los psicodélicos clásicos rara vez provocan riesgos físicos graves, la persona podría

haber mezclado otras drogas o estar sufriendo un problema de salud independiente del consumo (golpes de calor, desmayos, etc.).

- Si la persona está inconsciente pero respira, colócala en posición lateral de seguridad* y avisa a emergencias (112).
- Si no respira, llama a los servicios de emergencia e inicia RCP (reanimación cardiopulmonar).

- **Obtener información básica.** Si no conoces a la persona, pregunta a testigos o amigos: ¿qué ha tomado?, ¿está sola o acompañada?, ¿qué le ha ocurrido exactamente? Esto ayuda a valorar el tiempo estimado de la experiencia y los riesgos potenciales.

2. Normas de comunicación con la persona «viajera»

- **Preséntate y tranquiliza.** Si no conoces a la persona —o si la conoces pero está muy confundida—, explícale quién eres, que estás allí para ayudar y que está en un lugar seguro: «Hola, soy X, estoy aquí para cuidarte y que estés lo mejor posible». Probablemente, debas repetirlo varias veces de forma calmada a lo largo de la intervención.
- **Mantén la calma y transmítela.** Si te pones nervioso o muestras miedo, la persona puede asustarse más y caer en paranoia, recuerda que si su cuerpo está bien (consciencia, pulso, temperatura, respiración) no hay un riesgo para su vida más allá de lo que esté pasando en su cabeza. Tu serenidad y confianza son un ancla para ella.
- **Recuérdale que es un efecto normal y pasajero.** Suelen sentir que se están muriendo, que se están volviendo locos y que

* Técnica de primeros auxilios que consiste en colocar a una persona inconsciente pero que respira en una posición de lado, con el objetivo de mantener la vía aérea abierta y prevenir la aspiración de vómito o líquidos.

nunca volverán a estar bien. Repetirles que han consumido una sustancia, que están viviendo un efecto normal pero temporal, que todo está en su cabeza y que pasará pronto, ayuda a aliviar la angustia.

- **Evita el enfrentamiento.** No discutas ni les pidas que razonen aspectos complejos; su capacidad para pensar lógicamente está alterada. Más que hablar, escucha, y no ridiculices ni juzgues su estado.
- **Pide permiso antes de tocar.** Si crees que puede ayudar, pregunta si puedes acercarte, abrazar o ayudar físicamente. Sugiérelo de manera suave; no impongas nada ni hagas que la persona se sienta más incómoda de lo que está.
- **Sé honesto y claro.** Nada de mentirles o hablar a sus espaldas. Explica con lenguaje claro lo que vas a hacer y por qué («Voy a acompañarte a un sitio más tranquilo, ¿vale?»); cualquier confusión puede provocar miedo añadido o paranoia.

3. Posibles acciones que ayudan

- **Cambiar de entorno.** Alejarse de ruidos ensordecedores, luces fuertes o lugares abarrotados puede romper el bucle angustiante. Lugares más tranquilos, con menos estimulación, suelen relajar.
- **Acomodar y proteger.** Puede que la persona esté muy desorientada, sucia y necesite que la vistas, la limpies, la abrigues o la ayudes a sentarse. Eso hará que se sienta más segura y cuidada, pero comunica siempre tu intención.
- **Ofrecer agua y comida ligera.** Hidratarse es fundamental, sobre todo en un entorno de fiesta con calor o baile constante. Un pequeño tentempié ligero (agua, fruta, zumo, chocolate, etc.) también puede bajar un poco la intensidad del viaje, pero hay que tener cuidado de que la persona no se atragante.

- **Respiración consciente y guiar su atención.** Enseñar (o guiar) a la persona para que respire lenta y profundamente puede disminuir la ansiedad. «Inhala por la nariz y lleva el aire al abdomen, suelta poco a poco…». También ayuda guiar su atención hacia diferentes zonas de su cuerpo o hacia visualizaciones de lugares agradables.
- **Invitar a aceptar la experiencia.** Cuanto más trate de luchar o resistirse a la experiencia, peor puede que se sienta. Es mejor animarle a soltar, rendirse y dejarse llevar, recordándole que está en un entorno seguro.

4. Si la situación no mejora o empeora

- **Criterios psiquiátricos.** Si se sospecha de un problema mental más grave (psicosis, paranoia extrema, alucinaciones prolongadas incluso tras pasar el efecto de la sustancia), agresividad incontrolable o persistencia de síntomas más allá de lo esperable, es momento de acudir a profesionales.
- **Posible medicación.** En casos extremos, puede que un servicio médico decida administrar ansiolíticos (por ejemplo, benzodiacepinas) o incluso antipsicóticos si la situación supone un riesgo para sí mismo o para lo demás. El antipsicótico más adecuado para psicodélicos es de tipo atípico, como la olanzapina (Zyprex), pero se deben evitar los antipsicóticos en personas que hayan tomado MDMA por el riesgo de producir un golpe de calor, problemas cardiovasculares o síndrome serotoninérgico. Esto únicamente puede hacerlo un médico y se valora solo cuando el riesgo de no hacerlo sea mayor.
- **Contención no violenta.** Si hay conductas peligrosas para sí mismo o para otros, podría ser precisa una contención suave. La fuerza bruta aumentaría la confusión y el miedo. La prioridad es impedir que la persona se haga daño o lo haga a otros, pero con el menor nivel de confrontación posible.

5. Después del mal viaje

Después de vivir un mal viaje, un elemento clave para que este tipo de experiencias no se conviertan en un trauma duradero, sino que puedan llegar a ser incluso aprendizajes constructivos, es hacer una adecuada integración posterior, preferiblemente de la mano de profesionales de la salud mental. Ya existen servicios especializados en esto, como los que ofrece el Centro de Apoyo de ICEERS.[62]

En definitiva, acompañar un mal viaje es todo un arte que requiere empatía, serenidad y adaptarse a las circunstancias del momento. Existen manuales muy completos que ahondan en esto, como el *Manual of Psychedelic Support*[63] de MAPS (en el que se basa el trabajo de Zendo Project del Burning Man Festival).

La clave no es pretender «curar» a nadie en ese instante, sino estar ahí hasta que la persona recupere su estabilidad. Recordemos que, en la mayoría de los casos, estas situaciones se resuelven de forma positiva si se manejan con calma, paciencia y humanidad. Con una buena preparación (*set & setting*) y la actitud adecuada, muchas experiencias «difíciles» acaban transformándose en valiosos aprendizajes,[64] tanto para el viajero como para quienes lo acompañan.

Reducción de los daños por MDMA: ¿neurotoxicidad?

Desde hace décadas, existe un largo debate sobre si la MDMA es neurotóxica en humanos y, en caso afirmativo, cuán neurotóxica sería. La palabra «neurotoxicidad» hace referencia a daños en las neuronas, que pueden ir desde alteraciones mínimas y reversibles hasta la muerte neuronal, con consecuencias cognitivas y emocionales. Con distintas sustancias (como alcohol, cocaína o nicotina) puede darse cierto grado de neurotoxicidad, y la MDMA no sería la excepción si se confirman estos riesgos.

Por un lado, algunas investigaciones con animales muestran indicios de daño neuronal, lo que ha llevado a pensar que podría existir un riesgo en humanos. Por otro, muchas de esas investigaciones se hicieron administrando dosis muy elevadas —lejos de las comunes en humanos— y, además, en un contexto histórico de la «guerra contra las drogas», donde hubo presiones para destacar los peligros de esta sustancia.

En ensayos con roedores y primates, se han observado pequeñas lesiones o acortamientos de axones relacionados con la serotonina tras la administración de MDMA a dosis muy altas, y se han propuesto varios mecanismos para explicar este daño, como la generación de radicales libres que dañan las células, conocida como estrés oxidativo; un incremento peligroso de la temperatura corporal, conocido como hipertermia; un exceso de activación neuronal, conocido como excitotoxicidad glutamatérgica, o la toxicidad producida por la liberación de metabolitos tóxicos generados en el proceso de degradación de la MDMA.

No obstante, estos efectos se detectan a dosis que habitualmente superan con creces las utilizadas por las personas en ámbitos terapéuticos e incluso recreativos. Además, extrapolar resultados entre animales y humanos es complicado, porque la equivalencia de dosis no siempre es exacta.

Durante los años más duros de la «guerra contra las drogas», se financiaron investigaciones orientadas a demostrar la neurotoxicidad de la MDMA. El caso más escandaloso fue el de George A. Ricaurte, un investigador que publicó en la revista *Science* un artículo que afirmaba que dosis «recreativas» de MDMA dañaban gravemente las neuronas dopaminérgicas en primates. Años después se descubrió que, en realidad, el fármaco que había administrado era metanfetamina, no MDMA, y el estudio fue retirado.[65]

Aun así, no deja de ser importante investigar a fondo la seguridad de la MDMA y, con su reciente aprobación terapéutica en algunos países, es probable que surjan más estudios rigurosos para ver su potencial neurotóxico y, en caso de existir, cómo reducirlo.

¿Qué implica para el consumo recreativo y terapéutico?

De cara al consumo recreativo, existen varias medidas clásicas de reducción de riesgos que se recomiendan desde organizaciones como Energy Control (<energycontrol.org>) y otros colectivos:

- Analizar la sustancia: confirmar que realmente se trata de MDMA y no de un adulterante.
- Controlar la dosis: evitar redosificaciones continuas y mantener un rango prudente.
- Hidratarse, refrescarse y descansar: la hipertermia es uno de los mayores peligros en entornos de fiesta.
- Espaciar las tomas: minimizar la frecuencia para reducir la probabilidad de daños.
- Estar en un entorno seguro: buen acompañamiento y supervisión, más si es la primera vez.

Si alguien quiere ir más allá y probar antioxidantes u otros suplementos, debe saber que la evidencia en humanos es escasa y que el mayor peligro suele deberse a la falta de información y a los excesos (dosis muy altas, mezcla con otras sustancias, deshidratación, etc.).

Respecto al uso terapéutico, las dosis de MDMA en ensayos clínicos (por ejemplo, contra el TEPT) son cuidadosamente controladas y espaciadas en el tiempo. Los potenciales efectos adversos se vigilan de cerca, y los pacientes reciben seguimiento médico. En ese contexto, la comunidad científica está muy interesada en comprender si existe un daño neuronal significativo y, de ser así, cuál sería la mejor estrategia para minimizarlo. Es probable que veamos más estudios específicos sobre la neurotoxicidad en humanos cuando la MDMA se integre de forma definitiva en los tratamientos de salud mental, pero de momento ya hay personas que están desarrollando sus propios protocolos inspirándose en los resultados obtenidos en la investigación con animales.

Uso de antioxidantes y otras estrategias experimentales

Varios experimentos en animales han indicado que algunos compuestos antioxidantes podrían atenuar el daño neuronal relacionado con la MDMA. Aunque aún no hay ensayos clínicos contundentes en humanos, muchas personas interesadas en la reducción de daños consideran la posibilidad de incorporar estos suplementos de forma puntual cuando consumen MDMA. Entre los más citados se encuentran:

- **Ácido alfa-lipoico (ALA).** Fuerte antioxidante que se produce en el cuerpo en pequeñas cantidades y se encuentra en alimentos como carnes rojas, órganos, espinacas o patatas. Un estudio de 1999 mostró que podía reducir la neurotoxicidad de la MDMA en ratas.[66]
- **Vitamina E.** Presente en aceites vegetales, frutos secos o semillas. Su carencia, en un estudio de 2002, incrementó el daño neuronal por MDMA en ratones.[67]

- **Vitamina C.** Cítricos, pimientos y brócoli son fuentes naturales de esta vitamina, que en un estudio de 2001 disminuyó el daño neuronal en ratas tratadas con MDMA.[68]
- **Acetil-L-carnitina (ALCAR).** Versión que atraviesa la barrera hematoencefálica y que, en modelos animales, protege la mitocondria de los efectos perjudiciales de la MDMA.[69]
- **Coenzima Q10 (CoQ10).** Un antioxidante presente de forma natural en pequeñas cantidades (carnes y frutos secos), capaz de reducir la caída de serotonina asociada al daño neuronal en ratas.[70]
- **N-acetilcisteína (NAC).** Suplemento derivado del aminoácido L-cisteína, con efectos antioxidantes y mucolíticos, que ha demostrado cierta capacidad para mitigar los daños asociados a la MDMA en roedores.[71, 72]
- **5-hidroxitriptófano (5-HTP).** Precursor de la serotonina que, según un estudio de 1994, atenuaría el daño,[73] aunque su uso simultáneo con la MDMA resulta delicado por el riesgo de síndrome serotoninérgico. Muchas personas lo consumen solo tras pasar los efectos, para ayudar a «recargar» la serotonina y prevenir el «bajón» emocional posterior.
- **Melatonina.** Hormona que regula el sueño y que posee propiedades antioxidantes. Algunos estudios en ratones señalan que puede proteger el cerebro tras el uso de MDMA, además de mejorar el descanso.[74]

Hay webs, como <rollsafe.org>, que, basándose en todo esto, proponen protocolos y cócteles de suplementos para tomar antes o después de consumir MDMA, con la esperanza de amortiguar posibles daños. Sin embargo, no existe una confirmación científica en humanos que avale su eficacia real. Si alguien decide usarlos, debe conocer sus límites y posibles interacciones, además de ser consciente de que se basan en pocos estudios y en el principio de precaución.

En conclusión, la MDMA podría tener cierto grado de neurotoxicidad en humanos, pero no se sabe con total certeza qué importancia real adquiere con las dosis habituales. Aunque los modelos animales indican posibles daños a nivel serotoninérgico, no está claro cuánto de ello se traduce a la vida real de las personas, ni si esos daños serían reversibles o permanentes.

Mientras no se cuente con evidencias definitivas, las estrategias de reducción de daños —desde las precauciones básicas (hidratación, evitar mezclar, controlar la dosis, etc.) hasta el uso voluntario de antioxidantes— siguen siendo una opción para quienes desean prevenir problemas.

Si bien aún queda mucho por aclarar, todo apunta a que no hay motivos para alarmarse en exceso ni para infravalorar por completo este posible riesgo. La clave está en la información responsable, la prudencia y, en el ámbito recreativo, la decisión personal de buscar (o no) un equilibrio entre el deseo de consumir y las medidas de protección disponibles. Ojalá los avances en la terapia asistida con MDMA nos ayuden a comprender mejor esta sustancia y a aprovechar su potencial sin descuidar la seguridad de nuestro cerebro.

9

El fenómeno del *microdosing* o la microdosificación

Imagina empezar el día con una taza de café, pero en vez de cafeína, lo que te «activa» son cantidades diminutas de sustancias psicodélicas como LSD, psilocibina, mescalina, ibogaína o incluso ayahuasca. Es lo que se conoce como *microdosing* o microdosificación. Y aunque suene un tanto extravagante, esta práctica ha ido ganando popularidad en los últimos años, sobre todo en círculos de innovación y tecnología en lugares como Silicon Valley, o incluso en ámbitos financieros como Wall Street.

El objetivo de las microdosis es obtener los beneficios de los psicodélicos sin perder la funcionalidad en el día a día. Dicho de otro modo, se busca mejorar la concentración, la motivación o el bienestar en general, sin entrar en estados alterados de conciencia que te dejen fuera de juego durante horas. Todo ello con la idea de que los potenciales beneficios de los psicodélicos a dosis altas podrían aparecer también, de una manera más sutil pero constante, si se consumen en dosis muy pequeñas y frecuentes.

Figura 34. Las microdosis de LSD se suelen hacer partiendo cada secante o *blotter* en unas diez partes, o disolviéndolo en agua para tomar una décima parte del volumen. Fuente: Shutterstock / svtdesign.

Orígenes y salto a la fama

La práctica del *microdosing* no es tan reciente como podríamos pensar, pero dio un gran salto a la palestra en 2011 gracias al libro *The Psychedelic Explorer's Guide*,[75] de James Fadiman. En él se recogían testimonios de personas que contaban mejoras significativas en su rendimiento y bienestar al tomar microdosis de LSD u otras sustancias psicodélicas. A partir de ahí, la prensa puso el foco en esta tendencia, y se multiplicaron los artículos que relacionaban la microdosificación con el mundo de las startups y la tecnología, así como con sectores financieros de gran competitividad. Artículos como «How LSD microdosing became the hot new business trip»,[76] en la revista *Rolling Stone* en 2015, o libros como *A Really Good Day: How Microdosing Made a Mega Difference in My Mood, My Marriage, and My Life*,[77] de Ayelet Waldman (2017), fueron grandes hitos en la popularización de esta práctica.

Esta creciente visibilidad supuso un cambio en la percepción social de los psicodélicos. Si antes se veían como sustancias que «desconectaban» del mundo laboral y cotidiano, ahora se presentaban como herramientas para amplificar la capacidad de trabajo y la creatividad. Se pasaba de la imagen del *hippie* a la del *yuppie**. Este vuelco de la cultura psicodélica a la empresarial provocó un gran debate y mucha curiosidad, que se tradujo en el nacimiento de empresas que, aprovechando legislaciones más permisivas (como en Países Bajos o algunas zonas de Norteamérica), han empezado a distribuir «packs de microdosis» o asesorías específicas.

¿En qué consiste el *microdosing*?

La idea es simple: ingerir dosis subperceptivas de un psicodélico, es decir, tan pequeñas que no se produce ningún efecto sensorial o psicológico llamativo. En la práctica, suele hablarse de una décima parte de la dosis estándar, aunque esto varía según la persona y la sustancia. Un ejemplo sería tomar 10 microgramos de LSD (en lugar de los 100 microgramos de una dosis habitual) o 2 miligramos de psilocibina (equivalentes a unos 0,25 gramos de setas *Psilocybe cubensis*).

No debemos confundir microdosis con minidosis o dosis bajas. Una minidosis equivaldría, por ejemplo, a unos 25 microgramos de LSD o 0,5 gramos de setas, y en ese rango la persona ya empieza a notar cambios perceptibles y sensoriales, aunque más suaves que una dosis «completa». En cambio, las microdosis buscan no alterar la percepción de forma clara, de modo que se pueda llevar a cabo el día a día sin interferencias.

* Término procedente de la expresión en inglés *young urban professional*, que se popularizó especialmente en la década de 1980 para describir a los jóvenes profesionales urbanos con alto nivel educativo, ingresos considerables y un estilo de vida orientado al éxito material y el consumo.

Principales protocolos de consumo

Para reducir la tolerancia (que tiende a generarse con un uso continuo de los psicodélicos) y tratar de maximizar los posibles beneficios, se han popularizado varios modos de dosificación o «protocolos». Entre los más conocidos destacan:

- **Protocolo Fadiman:** consiste en tomar una microdosis un día y descansar los dos siguientes, para después retomar el ciclo de forma sucesiva.
- **Protocolo Stamets:** se toman microdosis durante cuatro días seguidos (a menudo acompañadas de niacina o vitamina B3 y del hongo melena de león), y luego se descansa tres días, tomando solo la niacina y la melena de león durante esa pausa.
- **Protocolo de días alternos:** se toma la microdosis un día sí y al siguiente no, y así sucesivamente.
- **Protocolo de dos días a la semana:** se escogen dos días fijos pero no consecutivos para la microdosis, y se descansa el resto.

La elección de uno u otro protocolo puede depender de cuestiones logísticas o de la tolerancia personal. Lo importante es evitar que el uso constante de estas sustancias genere tolerancia farmacológica y, en consecuencia, se diluyan sus posibles efectos positivos.

¿Qué beneficios apuntan sus usuarios?

Quienes practican el *microdosing* relatan sentir una serie de mejoras que incluyen:

- Aumento de la concentración y la capacidad de mantener la atención.
- Mayor creatividad y «estados de *flow*» (sensación de inmersión en la actividad).
- Mejoras de hábitos (realizar más ejercicio, llevar una dieta más sana, etc.).
- Aumento de la energía, la motivación y el bienestar general.
- Mejora del estado de ánimo y mayor empatía.

Hay personas que lo utilizan con fines terapéuticos para abordar la depresión, la ansiedad, adicciones o trastornos como el TDAH o el TOC. Algunas de ellas aseguran notar cambios positivos en su día a día, pero, como veremos, aún queda camino para que la ciencia explique con más solidez qué hay de cierto en todo esto.

¿Qué dice la ciencia al respecto?

La realidad es que todavía contamos con muy pocos estudios rigurosos sobre la eficacia de la microdosificación. Hasta hace poco, la mayoría de datos provenían de cuestionarios y encuestas de autorreporte, es decir, de testimonios y percepciones subjetivas de quienes consumen microdosis. Aunque esa información preliminar sugería beneficios y pocas complicaciones, en la comunidad científica se insiste en la necesidad de ensayos más completos, con placebos y mediciones objetivas.

Algunos estudios recientes[78, 79] han analizado datos de miles de microdosificadores y han observado que quienes practican el *microdosing* tienden a reportar menos síntomas de depresión, ansiedad y estrés. Sin embargo, en este tipo de investigaciones no es posible determinar con claridad si la microdosis es la causa directa de esos beneficios o si existen otros factores que también influyen (por ejemplo, el estilo de vida de quienes se interesan por las microdosis, su predisposición a la exploración de nuevos hábitos saludables, la autosugestión, etc.).

Asimismo, ensayos que han incluido grupos placebo han sembrado dudas interesantes:[80] en algunos casos, quienes creían estar tomando una microdosis (pero en realidad consumían un placebo) también experimentaban los supuestos beneficios. Esto sugiere que puede haber un fuerte componente de expectativa y autosugestión en los resultados positivos. Otros estudios con pruebas más objetivas tampoco han encontrado diferencias significativas entre quienes consumían microdosis y quienes tomaban placebo, aunque sí que han apuntado a posibles mejoras leves en algunos dominios.

A pesar de estos resultados, ya hay indicios de que incluso pequeñas dosis de psicodélicos podrían estimular la producción de factores de crecimiento neuronal (como el factor neurotrófico derivado del cerebro, o BDNF)[81] y la neuroplasticidad, lo que a largo plazo podría ser beneficioso para la salud cerebral y la prevención de enfermedades neurodegenerativas. Pero, de momento, esto se mantiene en el terreno de la especulación y son necesarios más estudios que confirmen o descarten estas hipótesis.

Seguridad y posibles riesgos

Sobre el papel, las microdosis parecen seguras: esas sustancias, y a esas dosis, no dan motivo para sospechar de riesgos a nivel fisiológico. Sin embargo, el consumo casi diario de psicodélicos es algo sin precedentes en la historia moderna, así que los estudios a largo plazo aún están por hacerse.

Los pocos temores apuntan a una posible sobreestimulación del receptor 5-HT2B en el corazón, lo que a muy largo plazo podría facilitar trastornos en las válvulas cardiacas. Es una posibilidad teórica que preocupa a algunos especialistas, aunque a dosis tan bajas es poco probable. También existe el riesgo psiquiátrico en personas con predisposición a psicosis o bipolaridad, en quienes el consumo de psicodélicos (incluso en dosis muy bajas) está generalmente contraindicado.

Por todo ello, si alguien decide adentrarse en el *microdosing*, se recomiendan pautas de reducción de riesgos tan básicas como:

- Informarse bien de la sustancia, su dosis y sus posibles efectos.
- Analizar de forma cualitativa y cuantitativa la sustancia (cuando sea posible) para asegurarse de su composición.
- Empezar con las dosis más bajas y no al revés, observando las reacciones del organismo.
- Prestar atención a la evolución: si aparecen problemas o efectos adversos, suspender el consumo.
- Evaluar conscientemente el balance entre riesgos y beneficios antes de iniciar la práctica.

Una práctica prometedora, pero incierta

La microdosificación se ha convertido en una de las grandes protagonistas del renacimiento psicodélico, sobre todo por el componente de «productividad» que la envuelve y por el atractivo que ejerce en entornos competitivos. Sin embargo, estamos lejos de tener respuestas definitivas sobre si realmente funciona o si nos encontramos ante un gran efecto placebo.

Lo que sí está claro es que la popularidad del *microdosing* ha adelantado a la investigación científica: muchas personas están experimentando ya con él, mientras el mundo académico trata de ponerse al día con ensayos que verifiquen su efectividad y seguridad a largo plazo. Es una situación frecuente en la historia de la humanidad: primero se innova y se implementa, y después se valida científicamente.

Mientras la ciencia continúa avanzando, es prudente recordar que todas las sustancias psicoactivas —incluso a dosis diminutas— pueden tener riesgos y, por supuesto, beneficios. Entre tanto, si alguien decide introducir el *microdosing* en su rutina, lo mejor es hacerlo con la máxima precaución posible y estando siempre al día de lo que se va descubriendo. Como cualquier tendencia que irrumpe con fuerza, es probable que veamos mucho movimiento mediático en torno a ella, pero solo el tiempo y los estudios más rigurosos nos dirán si estas pequeñas dosis son realmente tan prometedoras para mejorar el bienestar y la salud mental, o se quedan en un simple espejismo.

Bonus

Cómo acceder legalmente a terapias asistidas con psicodélicos en España y otros países

En la actualidad, el acceso a las TAP en España por vía legal no es fácil en la mayoría de los casos, pero hay algunas excepciones que permiten a cada vez más personas acceder a estas terapias. Antes de abordarlas es importante entender a grandes rasgos qué dicen las leyes de drogas en España, aunque en la práctica no siempre se interpreten de forma clara o predecible, y menos en el caso de los psicodélicos naturales.

¿Cuán ilegales son los psicodélicos en España? Las leyes de drogas

La situación legal de las drogas psicodélicas no es un tema sencillo ni claro de abordar, además de que está sujeto a cambios legislativos, contextos de uso, jurisprudencia* e interpretación de los jueces. Sin embargo, dado que es otro de los riesgos a los que se enfrentan quienes toman psicodélicos, vamos a abordar algunos conceptos básicos sobre la legalidad e ilegalidad de las drogas en general.

* Conjunto de decisiones, interpretaciones o sentencias emitidas por los tribunales de justicia sobre cómo debe aplicarse la ley en casos concretos. Sirve como referencia para resolver casos similares en el futuro, lo que ayuda a unificar criterios y garantiza que la ley se aplique de forma coherente.

La mayoría de las drogas, se rigen en España por el Real Decreto 17/1967, sobre Estupefacientes, y el RD 2829/1977 sobre psicotrópicos, así como por la Ley Orgánica 4/2015, de Protección de la Seguridad Ciudadana —conocida vulgarmente como Ley Mordaza—, que establece sanciones administrativas por la posesión y el consumo en espacios públicos. Además, los psicodélicos están incluidos en las listas de sustancias controladas del Convenio de Viena de 1971 sobre psicotrópicos, que España aplica en su legislación.

Según estas leyes, no se prohíben las sustancias en sí, sino sus usos y acciones. Es decir, no hay sustancias prohibidas, sino que se prohíben (controlan) las diversas actividades relacionadas con ellas, como consumo, tenencia, tráfico, fabricación, investigación, etc.

En general, según su nivel de control, las drogas se pueden clasificar en cuatro grandes categorías:

- **Sustancias legales.** Aquellas cuyo consumo, venta y distribución están permitidos de forma libre o bajo ciertas condiciones. Por ejemplo, el alcohol, el tabaco y la cafeína.
- **Sustancias ilegales o fiscalizadas.** Aquellas cuya producción, distribución y consumo están prohibidos por ley, salvo excepciones, como la investigación científica autorizada. Por ejemplo, MDMA, LSD, psilocibina, DMT…
- **Sustancias de uso médico controlado.** Aquellas que tienen un uso médico autorizado, aunque restringido y vigilado, pero fuera de ese uso se entienden como drogas ilegales. Por ello, será muy importante determinar el contexto y el uso, para saber si se están violando las leyes. Por ejemplo, la ketamina, las anfetaminas o el fentanilo se pueden usar legalmente en medicina si un médico las prescribe, pero fuera de este uso se consideran ilegales. Utilizar estos medicamentos sin receta o en dosis superiores a las prescritas es ilegal. Por otra parte, su distribución o venta fuera de farmacias autorizadas también

está penalizada. En algunos casos, el tráfico de este tipo de medicamentos controlados puede ser tan grave como el de drogas ilegales. Las penas pueden incluir multas elevadas y prisión.

- **Sustancias alegales.** Por lo general, no existe una legislación clara respecto a ellas porque son moléculas nuevas, no han tenido mucho uso social o no han generado problemas que justifiquen su fiscalización. Sin embargo, la ausencia de regulación explícita no implica una legalidad absoluta. Su posesión, distribución o uso podría interpretarse bajo otras normativas relacionadas con la salud pública o la seguridad ciudadana. Por ejemplo, aunque se consideran productos no autorizados a nivel administrativo pero no prohibidos a nivel penal, en ocasiones ha habido condenas aplicando el artículo 359 del Código Penal (por considerarlas sustancia nocivas o que puedan causar estragos). Además, su situación legal puede cambiar con el tiempo, por lo que es recomendable mantenerse informado sobre posibles actualizaciones legislativas.

La mayoría de las drogas psicodélicas han sido fiscalizadas y, por tanto, están en el grupo de las drogas ilegales (LSD, MDMA, psilocibina, mescalina...), aunque todavía hay muchas que se consideran alegales porque no se han prohibido a nivel internacional ni en la mayoría de los países (como las nuevas moléculas derivadas de la DMT, la ketamina, la PCP, la 5-MeO-DMT...). Algunos psicodélicos se incluyen en la lista de sustancias de uso médico controlado (ketamina y esketamina).

A todo esto hay que añadir la enorme complejidad de la interpretación judicial y la jurisprudencia de los delitos relacionados con este tipo de drogas en España. Por ejemplo, los convenios de fiscalización de sustancias incluyen sobre todo principios activos, es decir, las moléculas psicodélicas —psilocibina, DMT, mescalina, LSD, MDMA—, pero no especifican el tratamiento legal que deben tener sus fuentes naturales, como la seta *Psilocybe cubensis*, el cactus de San Pedro, el sapo *Bufo alvarius*, un brebaje como la ayahuasca... Esto hace que, en la práctica, algunas sustancias teóricamente ilegales no hayan supuesto condenas al encontrarse en su formato natural si la interpretación del juez es que no es lo mismo la droga que la planta que la contiene.

Dejando de lado estas consideraciones, lo prudente para evitar sorpresas es asumir que todas las drogas ilegales o alegales se tratarán como tales, sin importar su formato, y que, según esto, veamos los diferentes conceptos aplicables: posesión, consumo, sanciones y penas.

Posesión de drogas

En España, la posesión de pequeñas cantidades de droga ilegal para el consumo propio en domicilio privado no se sanciona, pero en lugares públicos o accesibles puede provocar sanciones administrativas (multas, generalmente). Veamos algunos supuestos:

- **Pequeñas cantidades para consumo propio.** La cantidad exacta que se considera para consumo personal varía, pero, en general, no se sanciona la posesión de pequeñas cantidades de drogas ilegales en un lugar privado, como un domicilio. Sin embargo, si la policía encuentra a una persona con drogas ilegales —o drogas de uso médico controlado si no se las han recetado— en un lugar público (la calle, un coche, un local, etc.), aunque sean para consumo personal y no haya indicios de tráfico, le impondrá una sanción administrativa, una multa de entre 600 a 30.000 euros —suele ser de 600 euros, si el infractor no es reincidente, y a veces puede suspenderse si acepta someterse a tratamiento de deshabituación o rehabilitación—, por tenencia en vía pública.

La cantidad límite para considerarlo consumo personal varía según la sustancia y la pureza, pero suele entenderse como la cantidad necesaria para entre tres y cinco días (previsión) de consumo regular. El Instituto Nacional de Toxicología elaboró una tabla* que estipula a cuánto correspondería, y suele utilizarse en los juicios como referencia. Esta tabla se elaboró partiendo de la base errónea de que todas las drogas se toman a diario y de forma bastante continua, como sí sucede en el caso del consumo abusivo de heroína. Afortunadamente, el consumo de psicodélicos no suele hacerse de este modo; al contrario, quienes consumen psicodélicos clásicos los toman con una frecuencia mensual o anual, por lo que las dosis que según la tabla se considerarían consumo personal normal tienden a ser bastante altas, dejando un buen margen de seguridad legal a los consumidores de este tipo de sustancias. Por ejemplo, la tabla considera que el consumo de una persona de entre tres y cinco días equivale a unos 0,003 gramos de LSD (que son 3.000 microgramos, es decir, unas 30 dosis de 100 microgramos). Esto no quiere decir que esta cantidad de LSD portada por una persona en la vía pública vaya a ser necesariamente considerada «consumo personal», pues puede haber indicios de tráfico que compliquen la situación (como llevarlo dividido en dosis, portar báscula de precisión, bolsitas, dinero en efectivo, etc.), como veremos más adelante.

- **Cantidades más grandes y tráfico de drogas.** Si una persona posee una cantidad de droga ilegal —o drogas de uso médico controlado si no han sido recetadas— que excede lo que se

* Tabla de Instituto Nacional de Toxicología en la que suelen basarse los juzgados a la hora de determinar qué cantidades de drogas se considerarían para consumo propio y cuáles lo excederían y se podrían considerar tráfico. Aparecen pocas drogas psicodélicas, pero sí algunas importantes como el LSD, la ketamina o la MDMA. <https://pnsd.sanidad.gob.es/ciudadanos/legislacion/delitos/pdf/20210730_INTF_dosis_minimas_psicoactivas_trafico_de_drogas.pdf>.

considera para consumo propio o porta una cantidad pequeña pero hay indicios de que pueda estar traficando (como los que indico en el subapartado «Indicios del tráfico de drogas»), puede interpretarse como tráfico —producción, distribución y venta de sustancias ilegales—, un delito penal grave que puede conllevar, además de cuantiosas multas, penas de prisión.

Consumo de drogas

Una de las principales cuestiones es si consumir drogas en España es legal o no. Aunque pueda parecer obvio, la respuesta no siempre es sencilla, ya que depende del tipo de droga y del lugar donde se esté tomando:

- **Consumo privado.** El consumo de drogas legales e ilegales en el ámbito privado (el domicilio o un lugar no público) no está penalizado, es decir, una persona no es castigada por consumir drogas en su casa. Sin embargo, esto no significa que este consumo sea promovido o aceptado por la sociedad, aunque no esté perseguido legalmente.
- **Consumo en lugares públicos.** Aquí es donde cambian las cosas. Según la Ley Orgánica 4/2015, consumir drogas ilegales —y drogas de uso médico controlado si no han sido recetadas— en lugares públicos está prohibido y puede conllevar multas económicas. Esta prohibición se aplica tanto a ciertas drogas de uso médico si el consumidor no tiene receta —por ejemplo, la morfina, fentanilo o la anfetamina— como a todas las drogas ilegales, como puede ser el cannabis, que, a pesar de su relativa tolerancia en el ámbito privado, sigue prohibido en público.
- **Consumo de alcohol y tabaco.** Aunque ambas sustancias son legales, su consumo está regulado en lugares públicos. El taba-

co, por ejemplo, está prohibido en espacios cerrados de uso público y en ciertas áreas al aire libre, como los parques infantiles. El consumo de alcohol está prohibido en la vía pública, salvo en ocasiones y lugares autorizados, como las terrazas.

Sanciones administrativas por tenencia y consumo de drogas para uso personal en espacios públicos

En España, las sanciones administrativas por posesión y consumo de drogas en espacios públicos están reguladas por la Ley Orgánica 4/2015, de 30 de marzo, de Protección de la Seguridad Ciudadana. Esta normativa clasifica la posesión y el consumo de psicoactivos en lugares públicos como infracción administrativa, no penal, salvo que haya indicios de tráfico.

Estas conductas sancionables son:

- **Posesión de drogas en espacios públicos**, como parques, calles, transporte público o lugares similares, sin importar si son para consumo propio o compartido.
- **Consumo de drogas en la vía pública** o lugares accesibles al público, sin importar la cantidad.
- **Tenencia en lugares públicos de utensilios relacionados con el consumo**, como pipas, jeringuillas u otros elementos.

Estas conductas se consideran infracciones graves y pueden conllevar sanciones como:

- **Multas económicas.** Entre 601 y 30.000 euros, dependiendo de la gravedad, reiteración o circunstancias del infractor.
- **Sustitución de la multa.** En algunos casos, puede sustituirse por:

   - Tratamiento de deshabituación: para dependientes, previa acreditación.
   - Participación en programas educativos o de sensibilización.

Excepciones y matices:

- **Consumo en el ámbito privado.** No está penalizado, salvo que implique riesgos para terceros (como menores).
- **Consumo medicinal.** En los casos de cannabis medicinal, siempre que exista una prescripción médica y se cumpla la normativa, no debería sancionarse.
- **Reincidencia.** La repetición de la conducta puede agravar las sanciones.

En definitiva, la posesión y el consumo de pequeñas cantidades para uso personal en espacios públicos, siempre y cuando no haya indicios de tráfico, no implica penas de prisión, pero puede derivar en importantes consecuencias económicas y/o educativas.

Indicios del tráfico de drogas: ¿qué separa el consumo personal del tráfico?

Los indicios de tráfico de drogas diferencian la tenencia y el consumo personal (sanción administrativa cuando se produce en la vía pública o lugares públicos) del delito de tráfico de drogas (penal). Suele basarse en la interpretación de pruebas y circunstancias relacionadas con la posesión, el almacenamiento, el transporte o la distribución de las sustancias ilegales. Los siguientes factores pueden considerarse indicios:

- **Cantidades superiores al consumo personal.** La cantidad límite para considerarlo consumo personal varía según la sustancia, pero suele ser la necesaria (previsión) para un consumo de entre tres y cinco días, como hemos visto en la tabla del INT.
- **Presencia de útiles para el tráfico.** Básculas de precisión para pesar las dosis, material de envasado (bolsitas de plástico, papelinas, sellos o todo elemento usado para dividir y empaquetar la sustancia) y dinero en efectivo, en especial billetes pequeños y cantidades relevantes, lo que indica transacciones.
- **Organización del espacio para el almacenamiento** (droga oculta o distribuida en dosis listas para la venta) **o localización** (vehículos modificados, doble fondo en muebles o escondites).
- **Comunicaciones.** Mensajes, llamadas o contactos que sugieran actividad relacionada con el tráfico.
- **Frecuentación de lugares conocidos por tráfico.** Movimientos constantes en áreas de compraventa de drogas.
- **Vigilancia policial por observación directa.** Intercambios de dinero y drogas vistos por agentes.
- **Testimonios de terceros.** Denuncias o información que vincule al sospechoso con la venta de drogas.
- **Presencia de armas o elementos para intimidar.** La tenencia de armas de fuego, cuchillos u objetos peligrosos puede considerarse indicio de actividad delictiva, dado que son comunes en el tráfico de drogas.
- **Ingresos desproporcionados o injustificados.** Personas sin empleo declarado o con ingresos declarados muy bajos que manejan grandes sumas o bienes de alto valor.
- **Transporte sospechoso**. Itinerarios inusuales, evasión de controles o uso de vehículos para mover sustancias en compartimentos ocultos.

Para considerarlo tráfico, no es necesario que estén presentes todos estos indicios, pero varios pueden sustentar una acusación o condena. El juez decidirá si son suficientes para imputar el delito, teniendo en cuenta el derecho a la presunción de inocencia.

Penas por tráfico de drogas en España

En España, las penas por tráfico están reguladas por el Código Penal (artículos 368-372) y varían en función de la gravedad del delito, la naturaleza de las sustancias y las circunstancias específicas del caso. El tráfico se considera un delito contra la salud pública y se castiga con severidad, en especial cuando implica sustancias muy perjudiciales o circunstancias agravantes.

1. **Delito básico de tráfico de drogas.** El artículo 368 sanciona a los que cultivan, elaboran, trafican o facilitan el consumo ilegal de sustancias estupefacientes, psicotrópicas o tóxicas. También se aplica a quienes las posean con la intención de distribuirlas. Supone penas de prisión de entre tres y seis años si las sustancias se consideran peligrosas para la salud —por ejemplo, heroína o cocaína— o de uno a tres años para otras menos dañinas, además de una multa equivalente al valor económico de la droga intervenida. Como hemos visto antes, la distinción entre tráfico y consumo personal depende de la cantidad y otros indicios (como embalajes, básculas o distribución en dosis). El juez evalúa cada caso de manera individual.

2. **Delito agravado.** Los artículos 369 y 370 establecen las circunstancias que agravan la pena. En estos casos, las sanciones pueden oscilar entre seis y nueve años de prisión para sustan-

cias peligrosas, hasta doce en situaciones más graves. Estos son los agravantes:

- **Cantidad notable o gran pureza.** Se considera «notoria importancia» si la cantidad supera los límites interpretados por la jurisprudencia, en torno a cien veces la cantidad máxima considerada para consumo personal: más de 10 kilos de marihuana o 2,5 de hachís, más de 750 gramos de cocaína o más de 300 gramos de heroína. Pena: de seis a nueve años de prisión y multa de hasta el triple del valor de la droga.
- **Organización criminal.** Si el acusado forma parte de una red organizada, la pena aumenta de nueve a doce años de prisión, además de la multa.
- **Uso de menores o personas vulnerables.** Agrava significativamente la pena.
- **Tráfico en lugares protegidos.** Si se comete cerca de colegios, centros deportivos o zonas frecuentadas por menores.
- **Internacionalidad del delito.** Transporte o distribución de drogas entre países.
- **Uso de violencia o intimidación.** Delinquir usando armas, amenazas o coacción.
- **Reincidencia.** Haber sido condenado antes por tráfico de drogas.

3. **Delito atenuado.** Se contempla la posibilidad de reducir la pena si el delito se considera de escasa gravedad. Conllevaría prisión de uno a tres años y una multa proporcional al valor de la droga. Estas situaciones pueden incluir:

- Pequeñas cantidades destinadas a compartir entre conocidos, sin ánimo de lucro.
- **Ausencia de agravantes.** Sin indicios de organización, violencia o lucro significativo.

4. **Rebaja de las penas por colaboración.** Se pueden reducir las penas si el acusado colabora de forma activa con las autoridades:

   - **Desarticulación de redes.** Proporcionar información relevante que facilite la investigación o detención de otras personas involucradas.
   - **Prevención de delitos.** Ayudar a evitar nuevos actos ilícitos relacionados con el tráfico de drogas.

5. **Tráfico de drogas no consideradas perjudiciales para la salud.** En el caso de las sustancias menos peligrosas (como el cannabis), las penas tienden a ser más bajas, de uno a tres años, y la multa equivale al valor económico de la droga. Aunque las sustancias menos dañinas reciben sanciones más leves, si se encuentran en grandes cantidades o hay circunstancias agravantes, las penas aumentan.

6. **Eximentes.** Existen circunstancias en las que el acusado puede quedar exento de responsabilidad penal de forma parcial o total:

   - **Drogodependencia grave (eximente incompleto).** Si se demuestra que el acusado ha actuado bajo una adicción severa que anula su capacidad de control, aunque no lo exime del todo, puede reducir la pena.

- **Deficiencias mentales o alteraciones psicológicas** que le impidan comprender la ilicitud de la conducta.
- **Estado de necesidad.** Actuar para evitar un mal mayor, aunque este eximente es poco común en casos de tráfico.
- **Error invencible de prohibición.** Creer que la sustancia no era ilícita es un argumento excepcional y difícil de probar.

Por tanto, las penas por tráfico de drogas oscilan, según las circunstancias, entre uno y tres años de prisión en casos leves o atenuados; doce para tráfico internacional, redes organizadas o uso de menores; y hasta veintiún años en casos excepcionales, como combinaciones de agravantes y delitos conexos. En cualquier caso, la valoración depende de la interpretación judicial.

Por todo esto, la legalidad de las drogas en España es un tema complejo. Es fundamental conocer las leyes y regulaciones para evitar problemas y proteger la salud y el bienestar personal. Aunque la legalidad de los psicodélicos en particular es un tema a veces confuso y diferente en los distintos países, la tendencia actual parece estar moviéndose hacia una mayor aceptación y regulación, en especial en el ámbito de la salud mental. Paradójicamente, mientras que en otros países este tipo de sustancias se están legalizando para uso médico por su enorme potencial terapéutico, como ya hemos visto a lo largo del libro, en España se ha desatado recientemente una ola de represión policial contra el uso ceremonial de psicodélicos como la ayahuasca: se han practicado redadas en ceremonias y detenciones de facilitadores y chamanes acusados de ser sectas que usan sustancias muy nocivas para la salud, aunque en muchas ocasiones estos casos no hayan terminado en condena.

Entonces ¿cómo puede alguien tratarse con una terapia psicodélica de forma legal en la actualidad?

Vía de la terapia legal con esketamina

Como hemos visto en páginas anteriores, existe un tratamiento psicodélico que ya está autorizado en Europa, Estados Unidos y diversos países más para abordar la depresión resistente: la esketamina. En España, está incluida en la cartera de medicamentos financiados por la Seguridad Social desde 2022, lo que hace que el paciente que acceda a ella en un hospital público no tenga que abonar su elevado costo. Hay varios hospitales públicos —como, por ejemplo, el Puerta de Hierro en Madrid y el Vall d'Hebron en Barcelona— que la administran en sus plantas de psiquiatría para tratar este trastorno en aquellos pacientes que no hayan mejorado con los tratamientos convencionales, pero lo más probable es que este tratamiento sea cada vez más accesible. También hay clínicas y hospitales privados que la administran, como la clínica NYKET (Madrid) o las clínicas Delos y Synaptica (Barcelona).

Aunque la esketamina para tratar la depresión no esté mostrando un grado de eficacia tan alto como el de otros psicodélicos que siguen en fase de ensayo clínico, tiene varias ventajas: inicio del efecto psicodélico más rápido, duración más corta y mayor conocimiento de su manejo por parte de los médicos (recordemos que su hermana la ketamina es un fármaco de uso hospitalario autorizado desde la década de los setenta).

Vía excepcional del ensayo clínico

Por todo el mundo existen ensayos que buscan pacientes con diversos trastornos para probar la eficacia y seguridad de diferentes tratamientos psicodélicos en fase experimental. A los que están en fase I les interesan personas sanas para demostrar la seguridad de un tratamiento (y suelen pagar a los participante). Los ensayos en fase II se decantan por pacientes que padecen el trastorno para el que quieren probarlo, con el fin de demostrar la seguridad del tratamiento en ellos y ver indicios de su eficacia terapéutica. Los que están en fase III buscan a muchos pacientes que tienen ese trastorno, para demostrar la eficacia y seguridad del tratamiento psicodélico que se pretende evaluar. Por ello, estos ensayos son una oportunidad para las personas que quieren probar un tratamiento psicodélico de forma gratuita para una indicación que aún no se haya aprobado. Por desgracia, para entrar en un ensayo clínico, hay que cumplir una serie de criterios de inclusión y exclusión que pueden ser bastante estrictos, y no los hay para todas las indicaciones, ni en todos los países, ni de forma constante, pero es probable que su número y accesibilidad se incrementen en los próximos años.

Para encontrarlos, se puede acudir a diversas fuentes, como el portal <clinicaltrials.gov> y Psychedelic Alpha, o bien preguntar en organizaciones que sigan de cerca este tipo de investigaciones, como SEMPsi, la Fundación INAWE o @drogopedia, mi canal.

En España ya se han hecho ensayos clínicos con esketamina, psilocibina y 5-MeO-DMT para la depresión; de MDMA para el TEPT; de ibogaína para la adicción a la metadona...

Vía del uso compasivo

Cuando hay ensayos clínicos en fase III de una sustancia para una indicación, el médico puede solicitar a la Agencia Española del Medicamento que le permita usarlo con un paciente al que no le estén funcionando los tratamientos aprobados. Por desgracia, esta vía es muy larga y compleja de llevar a la práctica debido a las trabas burocráticas y de diversa índole que presenta, pero técnicamente es un medio posible que ya se ha utilizado en algunos países.

Vía del extranjero

Dado que hay países que están más avanzados que España en la autorización e implementación de estas terapias, hay personas que deciden viajar para someterse a tratamientos con psicodélicos en lugares donde ya están autorizados, como sería el caso de Australia para la MDMA y la psilocibina.

Existe otra variación de esta vía que consiste en ir a países donde, si bien los tratamientos no están explícitamente autorizados o regulados a nivel formal, no se persiguen a nivel legal o se consideran prácticas tradicionales autorizadas, de manera que existen grupos y centros especializados en su uso terapéutico que, en muchos casos, gestionan el viaje, el alojamiento, etc., para que los pacientes extranjeros puedan ir a tratarse allí. Esto sucede en países amazónicos como Perú, en algunas islas del Caribe e incluso en Europa con el caso de Países Bajos.

Vía de las terapias con psicodélicos alegales

Aunque esta vía no sea estrictamente legal o esté regulada, existen sustancias psicodélicas que no están formalmente prohibidas, lo que ofrece un resquicio legal para que terapeutas y grupos de diversa índole (terapéuticos, espirituales, religiosos, culturales, etc.) ofrezcan este tipo de experiencias en España.

Como se menciona en el apartado sobre legalidad, hay mucha incertidumbre acerca de qué puede pasar en estos casos, bien porque sean principios activos restringidos pero que sus sustratos vegetales o fúngicos no estén específicamente prohibidos (setas, ayahuasca, sapo, etc.), bien porque sean nuevas moléculas sintéticas con efectos psicodélicos que no hayan sido prohibidas todavía (1p-LSD, 1v-LSD, etc.).

La realidad es que muchas personas acuden a este tipo de terapeutas, retiros o ceremonias, buscando diferentes cosas, y en muchos casos las encuentran, pero también se exponen a un riesgo extra al no tener las garantías legales de otras vías de terapia reguladas.

Herramientas alternativas para entrar en estados alterados de conciencia

Otra posibilidad son las terapias que trabajan con estos estados sin que sean inducidos por psicodélicos. No es exactamente lo mismo, pero pueden ser una buena aproximación no farmacológica, que en muchos casos puede ser más segura y brindar algunos de los efectos que se pueden obtener con un psicodélico. De hecho, algunas de estas herramientas surgieron como solución después de que se prohibieran estas drogas para que los terapeutas siguiesen aprovechando las ventajas que ofrecían sin exponerse a los riesgos legales de usar algo prohibido. Son, por ejemplo, la respiración holotrópica utilizada por la psicología transpersonal, las cámaras de aislamiento sensorial, la meditación, el método Wim Hof, el yoga...

De todos modos, estos tratamientos avanzan muy rápido, y lo más probable es que, en los próximos años, se vayan autorizando en España psicoterapias basadas en psicodélicos. Por mi parte, seguiré informándote desde mi canal, @drogopedia.

Un nuevo amanecer para la salud mental

[illegible]

Epílogo

Un nuevo amanecer para la salud mental

A lo largo de este viaje por el fascinante mundo de los psicodélicos, hemos explorado juntos las profundidades de sustancias que han sido tanto malinterpretadas como subestimadas. Desde sus orígenes ancestrales hasta el renacimiento actual que está otorgándoles un papel en la salud mental presente y futura.

Al concluir este libro, es esencial reconocer que estamos cruzando las puertas de una revolución en la salud mental. Los avances científicos y las experiencias personales han demostrado que los psicodélicos tienen el potencial de transformar no solo el tratamiento de trastornos mentales, sino también nuestra comprensión de la mente humana y la conciencia.

Sin embargo, este camino hacia delante no está exento de desafíos. La estigmatización histórica de estas sustancias persiste, y es necesario continuar educando al público y a los profesionales de la salud sobre sus beneficios y riesgos. La investigación debe seguir avanzando, explorando nuevas aplicaciones terapéuticas y perfeccionando las técnicas para maximizar los beneficios mientras se minimizan los riesgos.

La integración de los psicodélicos en la sociedad debe ser muy prudente y requiere un esfuerzo colectivo. Las comunidades terapéuticas, los legisladores, los investigadores y los usuarios debemos colaborar para crear las condiciones en las que estas sustancias puedan ser utilizadas de manera controlada y responsable sin que repitamos los errores del pasado que dieron al traste con el primer renacimiento. La educación y la formación continua son esenciales para garantizar que los profesionales están bien informados y preparados para manejar estas experiencias psicodélicas de manera efectiva.

Además, es fundamental promover un enfoque holístico de la salud mental, donde los psicodélicos se complementen con otras terapias y prácticas de bienestar. La sinergia entre distintas modalidades terapéuticas puede potenciar los resultados y ofrecer soluciones más completas y personalizadas para quienes buscan sanar y crecer. Tampoco debemos olvidar que estas sustancias se vienen usando desde hace siglos por parte de diversas culturas, y nuestros avances en Occidente no deberían impactar negativamente en estos usos ancestrales.

Mirando hacia el futuro, las posibilidades que ofrecen los psicodélicos en la salud mental son inmensas. La creciente aceptación y legalización de estas sustancias en diferentes partes del mundo es un testimonio de su potencial. A medida que avanzamos, es probable que veamos una expansión de las terapias psicodélicas, con más investigaciones respaldando su eficacia y nuevas aplicaciones emergiendo, y más presencia en medios de comunicación y en la sociedad en general.

Además, la tecnología y la innovación están abriendo nuevas puertas para la integración de los psicodélicos en tratamientos personalizados. Desde la neuroimagen hasta las aplicaciones de realidad virtual, las herramientas modernas pueden enriquecer y optimizar las experiencias terapéuticas, haciendo que sean más seguras y efectivas.

Espero que este libro haya servido para expandir la mente y mostrar por qué no deberíamos privar a la ciencia, a la medicina, y tal vez a la sociedad, de la capacidad para profundizar en la psique humana, facilitar la sanación y fomentar el crecimiento personal que pueden ofrecer estas sustancias bien manejadas.

Sin embargo, este potencial viene acompañado de una responsabilidad compartida. Como sociedad, debemos abordar los riesgos con seriedad, promoviendo un uso informado y seguro. La colaboración entre científicos, terapeutas, legisladores y comunidades es esencial para construir un marco donde los psicodélicos puedan ser utilizados de manera ética y beneficiosa.

Al cerrar este libro, te invito a reflexionar sobre el conocimiento adquirido y a considerar cómo podemos, juntos, moldear un futuro donde los psicodélicos desempeñen un papel positivo en la salud mental, pues la salud integral es el objetivo final. La revolución psicodélica apenas ha comenzado, y su impacto puede ser transformador, ofreciendo nuevas esperanzas y posibilidades para millones de personas en todo el mundo.

El viaje continúa, y con él, la promesa de una mente más expandida y una sociedad más informada y saludable en todos los sentidos.

Gracias por acompañarme en este recorrido. Ojalá las palabras aquí compartidas te hayan inspirado un mayor entendimiento, respeto y curiosidad hacia este fascinante mundo.

Agradecimientos

Quiero mostrar aquí mi agradecimiento a todas las personas que, de una forma u otra, han contribuido a que *Expande tu mente* viera la luz.

En primer lugar, mi más profunda gratitud a Alba Adell, una gran editora cuya confianza, consejos y paciencia infinita han sido esenciales para que este libro cobrara vida. También a Anna Ubach y Carme Nicolau; sus meticulosas correcciones y sugerencias han convertido estas páginas en una lectura más clara y cuidada. Agradezco igualmente al resto del equipo de Grijalbo y a Penguin Random House por apostar por este proyecto y brindarme todo su apoyo. Su profesionalidad e ilusión han hecho de la creación de este libro una experiencia tan gratificante como enriquecedora.

Mención especial merecen mis padres, hermanos, familia, amigos y Paula. Siempre habéis estado a mi lado y me habéis acompañado con cariño, ánimo y apoyo durante todo el proceso. Vuestro aliento me ha dado la fuerza necesaria para seguir adelante en cada etapa de la escritura.

No puedo olvidar a mis seguidores en las redes sociales ni a los miembros de la comunidad @drogopedia. Vuestras espontáneas muestras de apoyo me llenan el alma a diario y dan sentido a este gran proyecto que es @drogopedia. Por supuesto, mi agradecimiento a Budy, Zafra, Peter y demás drogopedas que transformaron una simple idea en un gran canal de divulgación que seguimos construyendo cada día.

Gracias a mis antiguos maestros, mentores, editores, colegas, jefes, compañeros, amigos y parejas que, a lo largo de mi vida, han creído en mí y me han enseñado, inspirado, impulsado, construido y sostenido. Sois muchos y os llevo siempre en el corazón. Sin vuestra confianza y vuestra fe en mi trabajo, ni este libro ni yo mismo habríamos sido posibles.

Mi reconocimiento especial a aquellos terapeutas e investigadores cuyo trabajo pionero en el campo de la psicofarmacología y las terapias asistidas con psicodélicos ha inspirado estas páginas. Sin su contribución a la ciencia, sus ideas rompedoras, su visión desprejuiciada y su incansable búsqueda de respuestas, muchos de los descubrimientos que narro aquí no habrían sido posibles. Tampoco puedo olvidar a los pacientes que, con su valentía y sinceridad, han puesto rostro humano a los datos de la investigación, recordándonos que detrás de cada número en un estudio hay una historia de lucha, esperanza y muchos motivos para seguir trabajando.

Y gracias a todos los lectores que os habéis acercado a este libro, con curiosidad y apertura, para conocer mejor las drogas y el potencial de los psicodélicos en la salud mental. Sin vuestro interés, ninguna de estas páginas tendría razón de ser. Gracias por acompañarme en este viaje de descubrimiento del mundo de las sustancias psicoactivas y de nosotros mismos. Espero que este libro os ayude a expandir vuestro conocimiento... y vuestra mente.

Referencias bibliográficas

1. M. Adley *et al.*, «Jump-starting the conversation about harm reduction: making sense of drug effects», *Drugs: Education, Prevention and Policy*, vol. 30, n.° 4 (15 de abril de 2022), pp. 347-360, <https://doi.org/10.1080/09687637.2021.2013774>.
2. D. J. Nutt *et al.*, «Drug harms in the UK: a multicriteria decision analysis», *The Lancet*, vol. 376, n.° 9752 (6 de noviembre de 2010), pp. 1558-1565, <https://www.thelancet.com/journals/lancet/article/PIIS0140-6736(10)62000-4/fulltext>.
3. D. J. Nutt *et al.*, «Development of a rational scale to assess the harm of drugs of potential misuse», *The Lancet*, vol. 369, n.° 9566 (24 de marzo de 2007), pp. 1047-1053, <https://www.thelancet.com/journals/lancet/article/PIIS0140-6736(07)60471-1/fulltext>.
4. BBC News, «Ecstasy "not worse than riding"», *BBC News* (7 de febrero de 2009), <http://news.bbc.co.uk/2/hi/uk_news/7876425.stm>.
5. D. Nutt, *Drugs Without the Hot Air: Minimising the Harms of Legal and Illegal Drugs*, Cambridge, UIT Cambridge Ltd, 2012.
6. R. S. Gable, «Acute toxicity of drugs versus regulatory status», en J. M. Fish, ed., *Drugs and Society: U.S. Public Policy*, Lanham, Maryland, Rowman & Littlefield, 2006, pp. 149-162.
7. J. Hari, *Chasing the Scream*, Londres, Bloomsbury Publishing PLC, 2019.

8. B. K. Alexander *et al.*, «Effect of early and later colony housing on oral ingestion of morphine in rats», *Pharmacology Biochemistry Behavior*, vol. 15, n.º 4 (octubre de 1981), pp. 571-576, <https://doi.org/10.1016/0091-3057(81)90211-2>.
9. N. E. Zinberg, *Drug, Set, and Setting: The Basis for Controlled Intoxicant Use*, New Haven, Yale University Press, 1986.
10. A. Ritter y J. Cameron, «A review of the efficacy and effectiveness of harm reduction strategies for alcohol, tobacco and illicit drugs», *Drug and Alcohol Review*, vol. 25, n.º 6 (noviembre de 2006), pp. 611-624, <https://doi.org/10.1080/09595230600944529>.
11. A. Bengoa, «Alerta ante nuevas detecciones de la droga "Superman", altamente tóxica», *El País* (15 de diciembre de 2015), <https://elpais.com/politica/2015/12/15/actualidad/1450193934_120513.html>.
12. A. Hofmann, *LSD, My Problem Child*, Nueva York, McGraw-Hill, 1980.
13. *Ibidem.*
14. R. G. Wasson, «Seeking the magic mushroom», *Life Magazine*, vol. 42 (13 de mayo de 1957), pp. 100-120, <https://www.cuttersguide.com/pdf/Periodical-Publications/life-by-time-inc-published-may-13-1957.pdf>.
15. T. Passie, *The History of MDMA*, Londres, OUP Oxford, 2023.
16. A. T. Shulgin y A. Shulgin, *Pihkal: A Chemical Love Story*, California, Transform Press, 1991.
17. A. T. Shulgin y A. Shulgin, *Tihkal: The Continuation*, Estados Unidos, Transform Press, 1997.
18. R. R. Griffiths *et al.*, «Psilocybin can occasion mystical-type experiences having substantial and sustained personal meaning and spiritual significance», *Psychopharmacology (Berl.)*, vol. 187, n.º 3 (7 de julio de 2006), pp. 268-292, <https://doi.org/10.1007/s00213-006-0457-5>.

19. S. Kotler, «The new psychedelic renaissance», *Playboy. April* 2010, pp. 51-52 (2010).
20. UNODC, «Recent developments involving psychedelics», en United Nations, ed., *World Drug Report 2023*, Nueva York, United Nations Publications, 2023, pp. 125-138.
21. A. Jacobs, «The Psychedelic Revolution Is Coming. Psychiatry May Never Be the Same», *The New York Times* (11 de noviembre de 2021), <https://www.nytimes.com/2021/05/09/health/psychedelics-mdma-psilocybin-molly-mental-health.html>.
22. Equipo de *Cáñamo*, «Elon Musk dice que la gente debería estar abierta a los psicodélicos», *Cáñamo* (4 de octubre de 2021), <https://canamo.net/noticias/mundo/elon-musk-dice-que-la-gente-deberia-estar-abierta-los-psicodelicos>.
23. W. Isaacson, *Steve Jobs: A Biography*, Nueva York, Simon & Schuster, 2011.
24. M. Pollan, *Cómo cambiar tu mente: Lo que la nueva ciencia de la psicodelia nos enseña sobre la conciencia, la muerte, la adicción, la depresión y la transcendencia*, Barcelona, Debate, 2018.
25. G. M. Goodwin *et al.*, «Single-dose psilocybin for a treatment-resistant episode of major depression», *The New England Journal of Medicine*, vol. 387, n.º 18 (2 de noviembre de 2022), pp. 1637-1648, <https://www.nejm.org/doi/10.1056/NEJMoa2206443>.
26. C. L. Raison *et al.*, «Single-dose psilocybin treatment for major depressive disorder: a randomized clinical trial», *JAMA*, vol. 330, n.º 9 (5 de septiembre de 2023), pp. 843-853 <https://doi.org/10.1001/jama.2023.14530>.
27. R. Carhart-Harris *et al.*, «Trial of psilocybin versus escitalopram for depression», *The New England Journal of Medicine*, vol. 384, n.º 15 (14 de abril de 2021), pp. 1402-1411, <https://www.nejm.org/doi/full/10.1056/NEJMoa2032994>.
28. R. R. Griffiths *et al.*, «Psilocybin produces substantial and sustained decreases in depression and anxiety in patients with

life-threatening cancer: a randomized double-blind trial», *Journal Psychopharmacology*, vol. 30, n.º 12 (diciembre de 2016), pp. 1181-1197, <https://doi.org/10.1177/0269881116675513>.
29. S. Ross *et al.*, «Rapid and sustained symptom reduction following psilocybin treatment for anxiety and depression in patients with life-threatening cancer: a randomized controlled trial», *Journal Psychopharmacology*, vol. 30, n.º 12 (30 de noviembre de 2016), pp. 1165-1180, <https://doi.org/10.1177/0269881116675512>.
30. J. M. Mitchell *et al.*, «MDMA-assisted therapy for severe PTSD: a randomized, double-blind, placebo-controlled phase 3 study», *Nature Medicine*, vol. 27, n.º 6 (10 de mayo de 2021), pp. 1025-1033, <https://doi.org/10.1038/s41591-021-01336-3>.
31. J. M. Mitchell *et al.*, «MDMA-assisted therapy for moderate to severe PTSD: a randomized, placebo-controlled phase 3 trial», *Nature Medicine*, vol. 29, n.º 10 (14 de septiembre de 2023), pp. 2473-2480, <https://doi.org/10.1038/s41591-023-02565-4>.
32. K. Smith *et al.*, «MDMA-assisted psychotherapy for treatment of posttraumatic stress disorder: A systematic review with meta-analysis», *The Journal of Clinical Pharmacology*», vol. 62, n.º 4 (28 de octubre de 2022), pp. 463-471, <https://doi.org/10.1002/jcph.1995>.
33. A. Gómez-Escolar *et al.*, «Current perspectives on the clinical research and medicalization of psychedelic drugs for addiction treatments: Safety, efficacy, limitations and challenges», *CNS Drugs,* vol. 38, n.º 10 (20 de julio de 2024), pp. 771-789, <https://doi.org/10.1007/s40263-024-01101-3>.
34. P. B. van der Meer *et al.*, «Therapeutic effect of psilocybin in addiction: a systematic review», *Frontiers in Psychiatry*, vol. 14 (9 de febrero de 2023), <https://doi.org/10.3389/fpsyt.2023.1134454>.
35. M. P. Bogenschutz *et al.*, «Percentage of heavy drinking days following psilocybin-assisted psychotherapy vs placebo in the treatment of adult patients with alcohol use disorder: a

randomized clinical trial», *JAMA Psychiatry*, vol. 79, n.º 10 (1 de octubre de 2022), pp. 953-962, <https://doi.org/10.1001/jamapsychiatry.2022.2096>.

36. M. W. Johnson *et al.*, «Long-term follow-up of psilocybin-facilitated smoking cessation», *The American Journal of Drug and Alcohol Abuse*, vol. 43, n.º 1 (21 de julio de 2016), pp. 55-60, <https://doi.org/10.3109/00952990.2016.1170135>.
37. T. S. Krebs y P.-Ø. Johansen, «Lysergic acid diethylamide (LSD) for alcoholism: meta-analysis of randomized controlled trials», *Journal of Psychopharmacology*, vol. 26, n.º 7 (8 de marzo de 2012), pp. 994-1002, <https://doi.org/10.1177/0269881112439253>.
38. U. Kozlowska *et al.*, «From psychiatry to neurology: psychedelics as prospective therapeutics for neurodegenerative disorders», *Journal of Neurochemistry*, vol. 162, n.º 1 (13 de septiembre de 2021), pp. 89-108, <https://doi.org/10.1111/jnc.15509>.
39. K. R. Wiens *et al.*, «Psilocin, the psychoactive metabolite of psilocybin, modulates select neuroimmune functions of microglial cells in a 5-HT2 receptor-dependent manner», *Molecules*, vol. 29, n.º 21 (28 de octubre de 2024), 5084, <https://doi.org/10.3390/molecules29215084>.
40. D. Choudhury *et al.*, «Ketamine: neuroprotective or neurotoxic?», *Frontiers in Neuroscience*, vol. 15 (10 de septiembre de 2021), 672526, <https://doi.org/10.3389/fnins.2021.672526>.
41. C. L. Robinson *et al.*, «Scoping review: the role of psychedelics in the management of chronic pain», *Journal of Pain Research*, vol. 17 (11 de marzo de 2024), pp. 965-973, <https://doi.org/10.2147/JPR.S439348>.
42. N. I. Kooijman *et al.*, «Are psychedelics the answer to chronic pain: a review of current literature», *Pain Practice*, vol. 23, n.º 4 (4 de junio de 2023), pp. 447-458, <https://doi.org/10.1111/papr.13203>.

43. C. Lin *et al.*, «Exploring the therapeutic potential of psychedelics in chronic pain management: a new frontier in medicine», *Neuroscience Bulletin* (20 de enero de 2025), <https://doi.org/10.1007/s12264-025-01351-1>.
44. N. R. P. W. Hutten *et al.*, «Low doses of LSD acutely increase BDNF blood plasma levels in healthy volunteers», *ACS Pharmacology & Translational Science*, vol. 4, n.º 2 (9 de abril de 2021), pp. 461-466, <https://doi.org/10.1021/acsptsci.0c00099>.
45. J. J. Gattuso *et al.*, «Default Mode Network modulation by psychedelics: a systematic review», *International Journal of Neuropsychopharmacology*, vol. 26, n.º 3 (22 de octubre de 2022), pp. 155-188, <https://doi.org/10.1093/ijnp/pyac074>.
46. Z. Yu *et al.*, «Alterations in brain network connectivity and subjective experience induced by psychedelics: a scoping review», *Frontiers in Psychiatry*, vol. 15 (14 de mayo de 2024), <https://doi.org/10.3389/fpsyt.2024.1386321>.
47. R. L. Carhart-Harris y K. J. Friston, «REBUS and the anarchic brain: toward a unified model of the brain action of psychedelics», *Pharmacological Reviews*, vol. 71, n.º 3 (julio de 2019), pp. 316-344, <https://doi.org/10.1124/pr.118.017160>.
48. G. Petri *et al.*, «Homological scaffolds of brain functional networks», *Journal of the Royal Society Interface*, vol. 11, n.º 101 (6 de diciembre de 2014), <https://doi.org/10.1098/rsif.2014.0873>.
49. D. B. Yaden *et al.*, «The overview effect: awe and self-transcendent experience in space flight», *Psychology of Consciousness: Theory, Research and Practice*, vol. 3, n.º 1 (marzo de 2016), pp. 1-11, <https://psycnet.apa.org/doi/10.1037/cns0000086>.
50. R. Carhart-Harris, «We can no longer ignore the potential of psychedelic drugs to treat depression», *The Guardian* (8 de junio de 2020), <https://www.theguardian.com/commentisfree/2020/jun/08/psychedelic-drugs-treat-depression>.

51. J. A. Morales-García *et al.*, «N,N-dimethyltryptamine compound found in the hallucinogenic tea ayahuasca, regulates adult neurogenesis in vitro and in vivo», *Translational Psychiatry*, vol. 10, n.º 1 (28 de septiembre de 2020), 331, <https://doi.org/10.1038/s41398-020-01011-0>.
52. X. Zhao *et al.*, «Psilocybin promotes neuroplasticity and induces rapid and sustained antidepressant-like effects in mice», *Journal of Psychopharmaco*logy, vol. 38, n.º 5 (28 de abril de 2024), pp. 489-499, <https://doi.org/10.1177/02698811241249436>.
53. J. G. Dean *et al.*, «Biosynthesis and Extracellular Concentrations of N,N-dimethyltryptamine (DMT) in Mammalian Brain», *Scientific Reports*, vol. 9, n.º 1 (27 de junio de 2019), <https://doi.org/10.1038/s41598-019-45812-w>.
54. R. Strassman, *DMT: The Spirit Molecule: A Doctor's Revolutionary Research into the Biology of Near-Death and Mystical Experiences*, Rochester, Vermont, Park Street Press, 2000.
55. P. Stamets, *Psilocybin Mushrooms of the World: An Identification Guide*, Berkeley, California, Ten Speed Press, 1996.
56. A. Dasgupta y A. Wahed, «Chapter 17 - Challenges in Drugs of Abuse Testing: Magic Mushrooms, Peyote Cactus, and Designer Drugs», en A. Dasgupta y A. Wahed, eds., *Clinical Chemistry, Immunology and Laboratory Quality Control*, San Diego, Elsevier, 2014, pp. 307-316, <https://doi.org/10.1016/C2012-0-06507-6>.
57. S. Gibbons y W. Arunotayanun, «Chapter 14 - Natural Product (Fungal and Herbal) Novel Psychoactive Substances», en P. I. Dargan y D. M. Wood, eds., *Novel Psychoactive Substances*, Boston, Academic Press, 2013, pp. 345-362, <https://doi.org/10.1016/C2011-0-04205-9>.
58. T. M. Brunt *et al.*, «Linking the pharmacological content of ecstasy tablets to the subjective experiences of drug users», *Psychopharmacology (Berl.)*, vol. 220, n.º 4 (13 de octubre de 2011), pp. 751-762, <https://doi.org/10.1007/s00213-011-2529-4>.

59. Choudhury *et al.*, «Ketamine: neuroprotective or neurotoxic?», *Frontiers in Neuroscience*, vol. 15 (10 de septiembre de 2021), 672526, <https://doi.org/10.3389/fnins.2021.672526>.
60. ICEERS, «Centro de Apoyo», *ICEERS* (2021), <https://www.iceers.org/es/centro-de-apoyo/>.
61. J. H. Halpern *et al.*, «A review of Hallucinogen Persisting Perception Disorder (HPPD) and an exploratory study of subjects claiming symptoms of HPPD», *Current Topics in Behavioral Neurosciences*, vol. 36 (2018), pp. 333-360, < https://doi.org/10.1007/7854_2016_457>.
62. ICEERS, «Centro de Apoyo», *ICEERS* (2021), <https://www.iceers.org/es/centro-de-apoyo/>.
63. A. Oak y J. Hanna, *The Manual of Psychedelic Support: A Practical Guide to Establishing and Facilitating Care Services at Music Festivals and Other Events*, Santa Cruz, California, Multidisciplinary Association for Psychedelic Studies, 2017.
64. T. M. Carbonaro *et al.*, «Survey study of challenging experiences after ingesting psilocybin mushrooms: acute and enduring positive and negative consequences», *Journal of Psychopharmacology*, vol. 30, n.º 12 (30 de agosto de 2016), pp. 1268-1278, <https://doi.org/10.1177/0269881116662634>.
65. G. A. Ricaurte *et al.*, «RETRACTED: Severe dopaminergic neurotoxicity in primates after a common recreational dose regimen of MDMA ("ecstasy")», *Science*, vol. 297, n.º 5590 (27 de septiembre de 2002), pp. 2260-2263, <https://doi.org/10.1126/science.1074501>.
66. N. Aguirre *et al.*, «Alpha-lipoic acid prevents 3,4-methylenedioxy-methamphetamine (MDMA)-induced neurotoxicity», *NeuroReport*, vol. 10, n.º 17 (26 de noviembre de 1999), pp. 3675-3680, <https://doi.org/10.1097/00001756-199911260-00039>.
67. E. A. Johnson *et al.*, «d-MDMA during vitamin E deficiency: effects on dopaminergic neurotoxicity and hepatotoxicity»,

Brain Research, vol. 933, n.° 2 (19 de abril de 2002), pp. 150-163, <https://doi.org/10.1016/S0006-8993(02)02313-2>.

68. M. Shankaran *et al.*, «Ascorbic acid prevents 3,4-methylenedioxymethamphetamine (MDMA)-induced hydroxyl radical formation and the behavioral and neurochemical consequences of the depletion of brain 5-HT», *Synapse*, vol. 40, n.° 1 (6 de febrero de 2001), pp. 55-64, <https://doi.org/10.1002/1098-2396(200104)40:1%3C55::AID-SYN1026%3E3.0.CO;2-O>.
69. E. Alves *et al.*, «Acetyl-L-carnitine provides effective in vivo neuroprotection over 3,4-methylenedioximethamphetamine-induced mitochondrial neurotoxicity in the adolescent rat brain», *Neuroscience*, vol. 158, n.° 2 (23 de enero de 2009), pp. 514-523, <https://doi.org/10.1016/j.neuroscience.2008.10.041>.
70. A. S. Darvesh y G. A. Gudelsky, «Evidence for a role of energy dysregulation in the MDMA-induced depletion of brain 5-HT», *Brain Research*, vol. 1056, n.° 2 (21 de septiembre de 2005), pp. 168-175, <https://doi.org/10.1016/j.brainres.2005.07.009>.
71. D. J. Barbosa *et al.*, «Pro-oxidant effects of Ecstasy and its metabolites in mouse brain synaptosomes», *British Journal of Pharmacology*, vol. 165, n.° 4b (21 de abril de 2011), pp. 1017-1033, <https://doi.org/10.1111/j.1476-5381.2011.01453.x>.
72. S. Soleimani Asl *et al.*, «Attenuation of ecstasy-induced neurotoxicity by N-acetylcysteine», *Metabolic Brain Disease*, vol. 30, n.° 1 (6 de agosto de 2014), pp. 171-181, <https://doi.org/10.1007/s11011-014-9598-0>.
73. J. E. Sprague *et al.*, «Attenuation of 3,4-methylenedioxymethamphetamine (MDMA) induced neurotoxicity with the serotonin precursors tryptophan and 5-hydroxytryptophan», *Life Sciences*, vol. 55, n.° 15 (1994), pp. 1193-1198, <https://doi.org/10.1016/0024-3205(94)00658-X>.
74. D. J. Barbosa *et al.*, «Pro-oxidant effects of Ecstasy and its metabolites in mouse brain synaptosomes», *British Journal of Phar-*

macology, vol. 165, n.º 4b (21 de abril de 2011), pp. 1017-1033, <https://doi.org/10.1111 j.1476-5381.2011.01453.x>.

75. J. Fadiman, *The Psychedelic Explorer's Guide: Safe, Therapeutic, and Sacred Journeys*, Rochester, Nueva York, Park Street Press, 2011.
76. A. Leonard, «How LSD Microdosing Became the Hot New Business Trip», *Rolling Stone* (20 de noviembre de 2015), <http://www.rollingstone.com/culture/culture-news/how-lsd-microdosing-became-the-hot-new-business-trip-64961/>.
77. A. Waldman, *A Really Good Day: How Microdosing Made a Mega Difference in My Mood, My Marriage, and My Life*, Nueva York, Alfred A. Knopf, 2017.
78. J. M. Rootman *et al.*, «Adults who microdose psychedelics report health related motivations and lower levels of anxiety and depression compared to non-microdosers», *Scientific Reports*, vol. 11, n.º 1 (18 de noviembre de 2021), 22479, <https://doi.org/10.1038/s41598-021-01811-4>.
79. J. M. Rootman *et al.*, «Psilocybin microdosers demonstrate greater observed improvements in mood and mental health at one month relative to non-microdosing controls», *Scientific Reports*, vol. 12, n.º 1 (30 de junio de 2022), 11091, <http://dx.doi.org/10.1038/s41598-022-14512-3>.
80. B. Szigeti *et al.*, «Self-blinding citizen science to explore psychedelic microdosing», *eLife*, vol. 10, n.º e62878 (2 de marzo de 2021), <https://doi.org/10.7554/eLife.62878>.
81. N. R. P. W. Hutten *et al.*, «Low doses of LSD acutely increase BDNF blood plasma levels in healthy volunteers», *ACS Pharmacology & Translational Science*, vol. 4, n.º 2 (9 de abril de 2021), pp. 461-466, <https://doi.org/10.1021/acsptsci.0c00099>.

«Para viajar lejos no hay mejor nave que un libro».

EMILY DICKINSON

Gracias por tu lectura de este libro.

En **penguinlibros.club** encontrarás las mejores recomendaciones de lectura.

Únete a nuestra comunidad y viaja con nosotros.

penguinlibros.club

penguinlibros